转基因玉米环境风险评价与控制技术

刘 标 方志翔 等／著

中国环境出版集团·北京

图书在版编目（CIP）数据

转基因玉米环境风险评价与控制技术 / 刘标等著.
--北京：中国环境出版集团，2023.11
ISBN 978-7-5111-5382-1

Ⅰ．①转⋯　Ⅱ．①刘⋯　Ⅲ．①转基因食品—玉米—环
境管理—风险管理—研究　Ⅳ．①S513.035.3

中国版本图书馆 CIP 数据核字（2022）第 244324 号

出 版 人	武德凯	
责任编辑	宋慧敏	
封面设计	岳　帅	

出版发行	中国环境出版集团	
	（100062　北京市东城区广渠门内大街 16 号）	
	网　　　址：http://www.cesp.com.cn	
	电子邮箱：bjgl@cesp.com.cn	
	联系电话：010-67112765（编辑管理部）	
	发行热线：010-67125803，010-67113405（传真）	
印　　刷	北京建宏印刷有限公司	
经　　销	各地新华书店	
版　　次	2023 年 11 月第 1 版	
印　　次	2023 年 11 月第 1 次印刷	
开　　本	787×1092　1/16	
印　　张	10.75	
字　　数	218 千字	
定　　价	45.00 元	

前　言

　　玉米是目前全球播种面积最大的粮食作物，对世界的粮食安全具有重大意义。虫害和草害是制约玉米产量和品质的重要因素。长期以来，使用毒性高、降解慢的化学农药是绝大多数国家防控玉米虫害和草害的最主要措施，但是化学农药会造成人体健康风险、环境污染、靶标杂草和害虫抗性发展等诸多问题。随着转基因技术的发展和应用，转 *Bt* 基因玉米在美国进行商业化种植，并快速扩展到巴西、阿根廷、加拿大、南非等国家。转基因技术成为防治欧洲玉米螟、草地贪夜蛾等玉米害虫的核心技术。目前，商业化种植的转基因玉米含有的外源基因既有 *cry*、*vip*、*RNAi* 等具有抗鳞翅目和鞘翅目害虫能力的基因，也有 *epsps*、*pat*、*aad-1*、*dmo* 等抗草甘膦、草铵膦、麦草畏除草剂的基因，在虫害和草害防治方面发挥了极其重要的作用，有效保障了玉米的产量和品质。2022 年，转基因玉米在全球的商业化种植面积达 6 620 万 hm^2，转基因玉米是仅次于转基因大豆的转基因作物，转基因玉米种植面积占美国玉米总种植面积的比例高达 93%。

　　任何新技术都是双刃剑，既可以产生人类需要的效益，也会带来某些风险甚至危害，转基因技术也不例外。转基因玉米在虫害和草害防治方面发挥了积极作用，但也会产生一定的风险。转基因玉米可能产生的环境风险主要包括靶标生物的抗性发展、转基因玉米自身的杂草化风险、基因漂移对野生近缘种及其他玉米品种的种质资源污染，对农田生物多样性可能产生不利影响。转基因玉米的某些风险已经在其生产应用过程中变为现实，如一些害虫对转基因玉米表达的杀虫蛋白逐渐产生了抗性。例如，美国的美洲棉铃虫对 Bt11 玉米和 M89034 玉米，豆纹缘夜蛾对 TC1507

玉米，玉米切根叶甲对 DAS-591227-7 玉米、MIR604 玉米和 5307 玉米，加拿大豆纹缘夜蛾和欧洲玉米螟对 TC1507 玉米，南非亚澳白裙夜蛾对 MON810 玉米，阿根廷小蔗杆草螟对 TC1507 玉米等都产生了实质抗性。在杂草抗性发展方面，抗草甘膦除草剂性状是包括转基因玉米在内的很多转基因作物都具有的性状。随着这些转基因作物的大规模种植和草甘膦的广泛应用，对草甘膦除草剂具有抗性的杂草种类也快速发展。在草甘膦应用的前 20 年一直没有关于其抗性杂草的报道，但是随着 1996 年开始转基因作物的商业化种植和草甘膦的大规模应用，2019 年全球共 29 个国家发现 45 种抗草甘膦杂草，其中单子叶杂草 21 种、双子叶杂草 24 种，如长芒苋、糙果苋和小飞蓬等抗性杂草。为了达到相同的除草效果，必须进一步加大草甘膦的使用量，由此带来除草成本提高和环境污染问题。转基因玉米向非转基因玉米发生基因漂移也会增加转基因标识管理的困难，外源基因进入非转基因玉米种质资源也是需要引起重视的现实问题。转基因玉米的应用还会引起化学农药品种和用量的显著变化，由此将对农田生物多样性的物种构成和群落稳定性产生长期影响。正因为转基因玉米的研发和应用可能产生环境风险，世界各国普遍采取的应对措施是制定转基因生物安全管理方面的法律法规和技术标准，对转基因生物可能产生的风险进行系统评价，在生产应用之后还要开展环境风险监测，开发环境风险的管理和控制措施，确保转基因产业的可持续发展。

我国既是转基因生物的研发和生产大国，也是转基因产品的进口和消费大国；既大力支持转基因技术的研发和应用，又实行严格的转基因生物安全管理，推动我国转基因产业在确保安全的前提下稳步发展。在转基因生物新品种培育重大专项"自然生态风险监测与控制技术"重大课题的支持下，我们对我国自主研发的转基因玉米的环境风险进行了较为系统的评价和研究，主要内容包括在人工控制条件下转基因玉米对土壤微生物、土壤动物（灰尖巴蜗牛、同型巴蜗牛、环纹小肥螋、赤子爱胜蚓）、水生生物（大型蚤）、传粉昆虫（意大利蜜蜂）、鸟类（日本鹌鹑）等环境生物影响的评价，以及转基因玉米在农田生态系统水平上对农田节肢动物多样性、花粉活力和基因漂移、生存竞争力、温室气体排放影响的评价和监测。2023 年 11 月，农业农村部公布了 51 个转基因品种的审定结果以及具体的品种名称，标志着我国继转基因抗虫棉之后，自主研发的转基因玉米、转基因大豆也开始了产业化进程。本书中的第一手评价和研究数据为上述部分转基因玉米品种提供了环境安全方面的支撑。

2023 年是我国转基因作物产业化的第 25 年。除了传统的转基因技术，基因编辑等新型生物技术正在快速发展，有些基因编辑产品已经商业化应用。但是关于转基因产品、基因编辑产品的安全性疑虑从未消失，依然需要科学工作者开展更加深入和系统的研究工作，用科学的数据和科学的解释回答公众对生物技术产品安全性的疑虑。

在本课题立项过程中得到了农业农村部科技教育司，生态环境部科技与财务司、自然生态保护司等有关部门和领导的指导和支持，在课题实施过程中还得到了生态环境部南京环境科学研究所有关领导的大力支持和帮助，在此一并致以衷心感谢。

刘 标

2023 年 11 月

目　录

转基因玉米环境生物风险研究

第 1 章　转基因玉米种植对土壤中 AM 真菌群落结构的影响

1.1　引言

　　世界上第一例转基因植物——一种含有抗生素抗性基因的烟草于 1983 年在美国被成功培植（柴晓芳等，2012）。1993 年，世界上第一种转基因食品——一种转基因晚熟番茄在美国被培育成功（郝蕾，2016）。之后，转基因棉花、转基因玉米、转基因大豆等各种不同的转基因作物开始被不断研发出来并投放市场（周云龙等，2013）。根据国际农业生物技术应用服务组织（ISAAA）在 2019 年的统计结果，自 1996 年转基因植物大规模种植以来，转基因作物种植面积已经从起初的 170 万 hm^2 迅速上升到 2019 年的 1.904 亿 hm^2，仅仅 24 年的发展时间内，就实现了 111 倍的增长（ISAAA，2020）。2018 年，全球有 19 个发展中国家和 7 个发达国家种植了转基因作物，其中发达国家转基因作物的种植面积约占全球转基因作物总种植面积的 46%，发展中国家的种植面积占 54%左右（王立平等，2018）。转基因作物种植面积最大的 5 个国家分别为美国、阿根廷、巴西、加拿大和印度。美国仍然是全球转基因作物第一种植国（万建民，2011），转基因作物种植面积达 7 290 万 hm^2。目前，对大豆、棉花、玉米、油菜、水稻、马铃薯、番茄、番木瓜、烟草、苜蓿等主要农作物均培育出了转基因品种。涉及的性状主要有抗虫、抗旱、耐盐碱、耐除草剂、抗倒伏、优质等。随着转基因技术的成熟，现有单一性状转基因作物已经不能满足农业的需求，复合性状转基因作物已成为新的发展趋势（李鑫星等，2017）。

　　虽然转基因作物的种植很大程度上提高了农业生产的收益，但我国政府对转基因作物商业化种植的态度非常谨慎，只有番木瓜和棉花获得了商业化种植的许可。玉米是我国种植面积最大的粮食作物。自 2009 年我国第一例转基因玉米——转植酸酶基因玉米通过了安全评审以来（李建平等，2012），已有多种转基因玉米品种获得安全评价并获得安全证书，但至今仍未进行产业化生产（杜建中等，2016）。传统的育种技术只能实现近缘种属间的基因相互结合，基因的来源过于单一且过程较为漫长，而转基因技术打破了这种障碍，可以快速将任何需要的外源基因插入到受体中，形成人们所需要的新性状（陈洁君等，2007）。

因此，对转基因作物的应用越来越引起人们的重视。目前，转基因作物的应用已经在保护生物多样性、提高农民收入和保障粮食安全等方面起到了十分重要的作用（修伟明等，2017）。同时，转基因作物的安全是转基因作物的研究和产业化过程中最受关注也是必须要解决的关键问题（焦悦等，2016）。转基因作物的安全性问题主要包括环境安全、食品安全、标记基因安全及长期种植的生态效应等几个方面（刘华清等，2010），其中食品安全和环境安全是人们最关注的。

转基因作物的种植可能通过花粉飘落、秸秆还田、植物残体分解和根系分泌物等方式对土壤生态系统造成影响（Saxena et al.，2002）。有些研究发现转基因作物种植抑制了土壤微生物的生长，如王晓宜等（2016）研究发现连续种植转基因玉米 5422Bt1 的土壤中钾细菌的数量要显著低于种植常规玉米的土壤中；杜伟等（2013）研究发现转基因大豆的种植可以显著抑制土壤中真菌的生长；袁红旭等（2005）研究发现转基因水稻的种植对土壤中真菌和细菌数量的影响要大于常规水稻；黄晶心等（2011）对种植转 *Bt* 基因水稻的根际浅土的研究表明，土壤中氨氧化细菌随着转基因水稻种植时间的增长和种植强度的加强会有一定的变化。

尽管有结果表明转基因作物种植会对土壤中微生物群落结构产生影响，但同时也有很多学者认为，转基因作物的种植不会对土壤中的微生物群落结构造成影响。赵云丽等（2015）对转基因棉 GAFP（抗病）、RRM2（高产）、ACO2（优质）及非转基因常规棉种植后的土壤细菌群落多样性进行分析，其结果表明转基因棉的种植并未对土壤细菌群落多样性产生影响；关潇等（2015）对转 *Bt* 基因水稻根际土壤的研究表明其细菌、真菌以及放线菌的群落结构随季节变化会有明显的不同，但转基因水稻与非转基因水稻样品之间不存在显著差异；王蕊等（2018）对转基因玉米和常规玉米根际土及根周土中固氮细菌的研究表明转基因玉米与常规玉米土壤中固氮细菌群落结构组成无显著差异。还有部分学者认为，转基因作物的种植虽然暂时对土壤环境安全未造成影响，但是随着时间的累积，其最终是否会对土壤环境造成危害是不可预见的（郭文文等，2009）。

一些研究表明转基因作物对土壤微生物没有产生显著影响，而一些研究结果显示转基因作物对特定微生物有一定的影响。因此，转基因作物种植是否对土壤生态系统造成危害还有待进一步研究。

1.2 研究背景

土壤是农业生态系统中物质循环、能量转化以及信息交换的重要场所。土壤微生物是土壤的重要组成部分，参与了土壤生态系统中的大部分生物化学活动，因此其种群数量及群落多样性是反映土壤生态系统变化的重要指标（Visser et al.，1992）。同时，土壤生态系统的稳定又容易受到覆盖植被的影响（Ito et al.，2015），所以转基因作物的大规模商业化种植在给人们带来收益的同时，其对土壤微生物的影响及对土壤生态系统带来的风险也越来越引发人们的关注（梁晋刚等，2017）。

丛枝菌根真菌是其菌丝与植物根系形成的共生体（Yang et al.，2012），也是土壤生态系统中一种同时具有植物根系和微生物特性的互惠共生体（程春泉等，2014）。其容易受到土壤环境变化的影响，是一种较好的指示微生物，因此近年来吸引了越来越多的研究者对其进行研究和探讨。盖京苹等（2003）研究土壤因子对 AM 真菌的影响，发现随着土壤中有机质含量的增加，AM 真菌的数量出现下降的趋势；卢鑫萍等（2012）的研究表明，土壤盐分组成类型的不同会对 AM 真菌孢子的密度和侵染率有影响；Ndoye 等（2013）的研究表明，土壤中各种无机速效养分的含量及 pH 均对 AM 真菌的种属分布有显著影响；张海波等（2016）的研究表明，AM 真菌物种丰富度、Shannon 多样性指数和侵染率受土壤类型与植物种类交互作用的影响。

转基因作物的残体及根系分泌物皆有可能对土壤中的 AM 真菌群落结构产生影响。王凤玲等（2017）的研究表明长期种植转 *Bt* 基因棉后，其残体腐熟物会抑制 AM 真菌在植物根部的定殖，从而降低 AM 真菌的共生效应；Turrini 等（2004，2008）发现，转 *Bt* 基因的玉米会影响共生前菌丝生长和侵染，并危害到其附着胞的发育，最终导致转 *Bt* 基因品种的侵染率远低于其非转基因亲本；但是梁晋刚（2015）对转基因高蛋氨酸大豆的研究并未表明其 AM 真菌群落结构与非转基因大豆 AM 真菌群落结构间存在显著性差异；Pasonen 等（2009）的研究表明转基因植物对 AM 真菌的定殖可能会有一定的影响。目前关于转基因作物种植对 AM 真菌的影响还没有定论（Guan et al.，2016），关于长期种植转基因作物是否会对 AM 真菌产生影响的研究还鲜见报道。因此，本研究利用 PCR-DGGE 技术和 PLFA 技术，以转基因玉米 DBN9936 和非转基因玉米 DBN318 为研究材料，选择位于吉林省四平市、河北省唐山市的 2 个试验基地为平台，分析探讨玉米的完熟期、不同土壤类型条件下长期种植转基因玉米对土壤 AM 真菌群落多样性的影响，旨在为转基因作物种植土壤环境安全评价提供理论基础，为科学评价转基因作物对农田生态系统的影响提供理论依据，同时推动我国转基因作物的商业化进程。

1.3 材料与方法

1.3.1 研究区域概况

本试验选择位于河北省唐山市玉田县和吉林省四平市伊通满族自治县的试验基地进行种植。河北基地（39°47′N，117°43′E）属于北温带大陆季风气候，平均气温为 11.2℃，年平均降水量为 693.1 mm，无霜期 193 天。供试土壤为潮土，部分基本理化性质如下：全磷含量为 0.53 g/kg，全氮含量为 0.49 g/kg，有机质含量为 9.35 g/kg，pH 为 8.37。吉林基地（43°15′N，125°20′E）属于中温带湿润季风气候，平均气温为 4.6℃，年平均降水量为 627.8 mm，无霜期 138 天。供试土壤为白浆土，部分基本理化性质如下：全磷含量为 0.52 g/kg，全氮含量为 1.02 g/kg，有机质含量为 9.35/kg，pH 为 5.16。

1.3.2 供试材料

供试玉米品种为受体玉米 DBN318 和转基因玉米 DBN9936。

1.3.3 试验设计及样品采集

本试验为大田试验，采用随机区组设计，种植面积均为 150 m²（10 m×15 m），每个小区间种植宽度为 5 m 的非转基因玉米，作为保护行。施肥方式为垄施复合肥（N：P：K=15：15：15）作为底肥，拔节期追肥。试验地其他田间管理按照常规进行，不施农药。试验始于 2015 年，试验前河北省样地的种植模式为小麦和玉米轮作，吉林省样地一直种植非转基因玉米。

本试验在玉米的完熟期（2016 年 9 月 21 日于吉林，2016 年 9 月 27 日于河北；2017 年 9 月 21 日于吉林，2017 年 9 月 26 日于河北）采集土样。采用蛇形取样法，在每个小区选取 3 个点。每个点选 5 株玉米，去除表面杂草和枯枝落叶，距离主根 2 cm 位置取 20 cm 深土样，并将每个采样点的样品混匀后放入灭菌塑封袋，带回实验室，放入低温冰箱（−20℃）保存。

1.3.4 土壤总 DNA 的提取与 PCR 扩增

称取 0.35 g 土壤样品后，采用 BBI 公司（加拿大）的 EZ-10 Spin Soil DNA Extraction kit，按操作说明提取总 DNA，使用 Biophotometer（Eppendorf，德国）对获得的总 DNA 进行定量分析，并在 1.0%琼脂糖凝胶中进行电泳，检测总 DNA 质量。

采用巢式 PCR（nested PCR）方法，针对 AM 真菌的 ITS 片段进行扩增，引物序列及反应程序见表 1-1。

表 1-1 PCR 反应的引物及反应条件

巢式 PCR	引物	引物序列（5′至 3′）	反应条件
第一步	AML1 AML2	ATCAACTTTCGATGGTAGGATAGA GAACCCAAACACTTTGGTTTCC	94℃ 3 min；94℃ 30 s，50℃ 30 s，72℃ 45 s，35 个循环；72℃ 7 min
第二步	NS31 G101	GC-CGCCCGCCGCGCGCGGCGGGGCGGGGCGGGGGCA CGGGGGGTTGGAGGGCAAGTCTGGT GCCGCCTGCTTTAAACACTCTA	94℃ 3 min；94℃ 30 s，54℃ 20 s，72℃ 45 s，35 个循环；72℃ 7 min

注：GC 夹序列为 5′-CGCCCGCCGCGCGCGGCGGGGCGGGGCGGGGGCACGGGGGGTTGGA GGGCAA GTCTGGTGCC -3′。

第一轮 PCR 反应体系：1 μL 每种引物，25 μL Premix Ex Taq（Loading dye mix），2 μL 的模板 DNA，终体积为 50 μL。第二轮 PCR 反应体系：1 μL 每种引物，25 μL Premix Ex Taq（Loading dye mix），以 2 μL 第一轮 PCR 产物为模板，补充无核酸酶水（Nuclease-free water，Promega）至 50 μL。

1.3.5　变性梯度凝胶电泳（DGGE）检测

采用 Dcode™ 通用突变检测系统（Bio-Rad，美国），按照操作说明进行 DGGE 分析。丙烯酰胺凝胶（37.5∶1）浓度为 8%，变性剂梯度为 25%～50%（100% 变性剂含有 7 mol/L 尿素和体积分数为 40% 的去离子甲酰胺），电泳缓冲液为 1×TAE。将 25 μL PCR 产物和 5 μL 6×缓冲液混合后用微量进样器加入胶孔中，100 V、60℃ 条件下电泳 16 h。电泳结束后，将凝胶放在 SYBRTM Green I（1∶10 000）（Invitrogen，美国）染液中染色 30 min，然后用 Gel Dox XR 凝胶成像系统（Bio-Rad，美国）观察与拍照。

1.3.6　条带回收及测序对比

选取有代表性的条带割胶回收，用不带 GC 夹子的引物进行扩增，PCR 产物经过电泳分析确定为单一条带后进行克隆测序。测序结果在 NCBI 上经过 Blast 对比分析。选择其中同源性最高的序列作为参照菌株。一般认为相似性大于或等于 97% 的序列为同一序列型。

1.3.7　土壤磷脂脂肪酸的提取

首先于特氟隆离心管中放入 3 g 经过冷冻干燥处理的土样，再向其中加入单相提取剂（15.8 mL），在室温下（25～28℃）于 250 r/min 的水平振荡器中振荡 2 h，然后于 4 000 r/min 离心 5 min，收集上清液于 PA 瓶中，剩下土样再加入 7.6 mL 的提取剂，重复以上步骤，合并上清液；加入 4.8 mL 柠檬酸缓冲液和 6 mL 氯仿到收集有上清液的 PA 瓶中，避光静置过夜；分层后把下层氯仿相转移到一干净玻璃离心管中，用氮气在 30℃ 下吹干（或冻干）。然后用 300 μL 氯仿润洗离心管，将润洗液转移至已经用 5 mL 氯仿活化完成的 SPE 柱中，此过程重复 3 次。再分别加入 10 mL 氯仿（每次 2.5 mL，加 4 次）和 10 mL 丙酮（每次 2.5 mL，加 4 次）洗去中性脂和糖脂，最后用 8 mL 甲醇淋洗磷脂并收集于一新玻璃离心管中，用氮气吹干（或冻干）。

将 1 mL 甲醇、甲苯混合液和 1 mL KOH、甲醇溶液加入含有磷脂的玻璃离心管中混匀，放入水浴锅中（37℃）加热 15 min 进行甲酯化；然后加入 0.3 mL 冰醋酸、2 mL 正己烷氯仿混合液和 2 mL 去离子水萃取磷脂脂肪酸甲酯，充分混匀后静置 5 min，然后于 2 000 r/min 离心 5 min，再次将上清液转移到干净玻璃离心管中，向剩余的下层溶液加入 2 mL 正己烷氯仿混合液，再次混匀并离心，最终合并收集上清液。

1.3.8 磷脂脂肪酸命名

本研究主要参考 Frostegård 等的方法进行命名（Frostegård et al.，1996），见表 1-2。

表 1-2　磷脂脂肪酸（PLFA）的微生物学命名

类别	磷脂脂肪酸签名类别
细菌	14:0，15:0，a15:0，i15:0，i16:0，16:1ω5，16:1ω7，16:1ω9，17:0，a17:0，i17:0，18:0，18:1ω7，cy17:0，cy19:0，i17:1ω6，10Me16:0，10Me17:0，10Me18:0
真菌	18:2ω6，18:1ω9，18:1ω9c，15:1ω6c，16:1ω9c，16:1ω7c，17:1ω8c，18:1ω9c，18:1ω9t
AM 真菌	16:1ω5，18:1ω7
厌氧菌	a17:0，i17:0
革兰氏阳性菌	i14:0，i15:0，a15:0，i16:0，i17:0，a17:0
革兰氏阴性菌	16:1ω7t，16:1ω9c，16:1ω7c，18:1ω7c，18:1ω9c，cy17:0，cy19:0

注：磷脂脂肪酸的分子式以（i/a/cy）X:YωZ（c/t）表示，其中，"X" 代表脂肪酸分子的碳原子总数，"Y" 表示不饱和烯键的数目，"ω" 代表烯键距离羧基的位置，"Z" 为烯键或环丙烷链的位置。前缀 "i" 代表异构甲基支链，"a" 代表前异构甲基支链，"cy" 代表环丙基。后缀 "c" 和 "t" 分别代表顺式同分异构体和反式同分异构体。

1.3.9 数据分析

采用 Excel 2007 和 SPSS 17.0（Duncan's test）对试验数据进行分析。

对 DGGE 数据，用 Quantity One 4.6.2 软件进行数字化处理并进行聚类分析。对各样品，用香农-维纳指数（Shannon-Wiener index，H）、均匀度指数（Evenness index，En）和丰富度（Richness，S）评价细菌多样性的变化，其计算公式如下：

$$H = -\Sigma P_i \ln P_i \tag{1-1}$$

$$En = H / \ln S \tag{1-2}$$

式中：H——香农-维纳指数；

P_i——第 i 条带占总强度的比值；

En——均匀度指数；

S——条带数量或丰富度。

对测序结果采用 Chromas 2 软件进行序列分析，登录美国国家生物技术信息中心（National Center for Biotechnology Information，NCBI）网站下载最相似的菌株序列作为系统发育树的参考序列。然后采用 MEGA 6 软件，用 Neighbor-Joining 法构建系统发育树，自展数（bootstrap）为 1 000。

PLFA 数据将分析结果重复 3 次取平均值，分析微生物量的变化并构建以磷脂脂肪酸生物标记的百分含量模型，对磷脂脂肪酸标记的微生物类型进行统计，观测不同处理之间 AM 真菌及其他微生物群落组成的变化。

1.4 结果与分析

1.4.1 土壤总 DNA 的提取及 PCR 扩增

各土壤样品的总 DNA 经过 0.8%的琼脂糖凝胶电泳（见图 1-1），所有土壤样品的总 DNA 均在 9 416～23 130 bp，表示所获得的土壤 DNA 质量很好。将获得的土壤 DNA 直接用于 PCR 扩增（见图 1-2）。扩增后所获得的片段集中在 230 bp 左右且条带清晰片段大小均一，可用于后续 DGGE 分析。

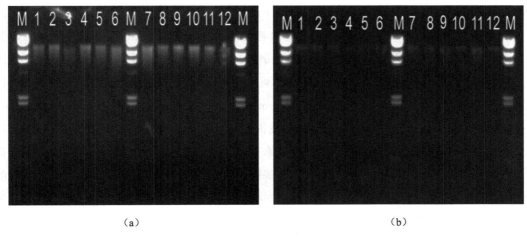

（a）　　　　　　　　　　　　　　（b）

图 1-1 河北、吉林两地 2016 年（a）和 2017 年（b）土壤样品总 DNA

注：1、2、3 为河北种植的受体玉米 DBN318 的 3 次重复，4、5、6 为河北种植的转基因玉米 DBN9936 的 3 次重复，7、8、9 为吉林种植的受体玉米 DBN318 的 3 次重复，10、11、12 为吉林种植的转基因玉米 DBN9936 的 3 次重复（下同）。M 为 DNA 分子量标记。

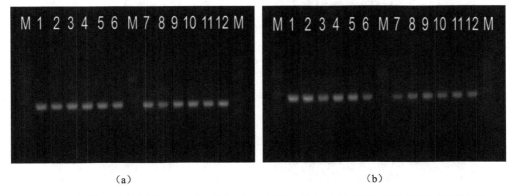

（a）　　　　　　　　　　　　　　（b）

图 1-2 河北、吉林两地 2016 年（a）和 2017 年（b）土壤 DNA 样品 PCR 扩增结果

注：M 为 50 bp 分子量标记。

1.4.2 DGGE 指纹图谱分析和相似性分析

通过 DGGE 图谱（见图 1-3）可以发现，2016 年河北种植的受体玉米 DBN318 土壤 AM 真菌与转基因玉米 DBN9936 有 3 条差异条带，分别为条带 6、条带 7 和条带 15；吉林种植的受体玉米 DBN318 土壤 AM 真菌与转基因玉米 DBN9936 有 6 条差异条带，分别为条带 1、条带 2、条带 6、条带 7、条带 10 和条带 18。另外，通过对比还发现条带 3、条带 4、条带 19 只在河北土样中出现，未出现在吉林土样中；条带 8、条带 17 和条带 20 只在吉林土样中出现，未出现在河北土样中。

通过 DGGE 图谱（见图 1-3）可以发现，2017 年河北种植的受体玉米 DBN318 土壤 AM 真菌与转基因玉米 DBN9936 有 3 条差异条带，分别为条带 10、条带 13 和条带 15；吉林种植的受体玉米 DBN318 土壤 AM 真菌与转基因玉米 DBN9936 有 5 条差异条带，分别为条带 1、条带 2、条带 4、条带 11 和条带 21。对比 2017 年河北与吉林土样 DGGE 图谱，未发现某一条带仅出现在吉林土样或者河北土样的现象。利用相似性矩阵数据，通过未加权算术平均对群法（the unweighted pairgroup method with arithmetic averages，UPGMA）进行聚类分析。一般认为相似度大于 0.60 就说明两个群体具有较好的相似性。对 2016 年的土样研究表明转基因玉米 DBN9936 和受体玉米 DBN318 在吉林与河北种植的最小相似度为 0.51（见图 1-4），但同一地区种植的转基因玉米与非转基因玉米的土壤中 AM 真菌的相似度大多在 0.60 以上；对 2017 年的土样研究表明转基因玉米 DBN9936 和受体玉米 DBN318 在吉林与河北种植的最小相似度为 0.59（见图 1-4），但同一地区种植的转基因玉米与非转基因玉米的土壤中 AM 真菌的相似度大多在 0.60 以上。

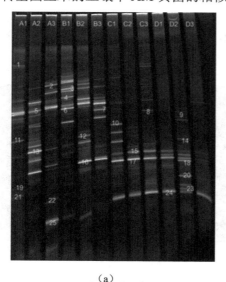 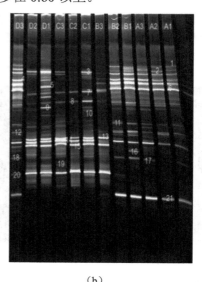

（a）   （b）

图 1-3 河北、吉林两地 2016 年（a）和 2017 年（b）转基因玉米与非转基因玉米土壤中 AM 真菌群落结构 DGGE 图谱分析

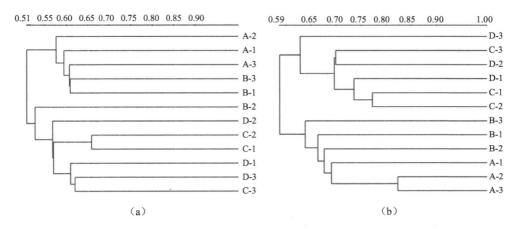

图 1-4 转基因玉米与非转基因玉米 2016 年完熟期（a）和 2017 年完熟期（b）土壤样品 AM 真菌群落结构聚类分析

注：A-1、A-2、A-3 代表河北种植的受体玉米 DBN318 的 3 次重复；B-1、B-2、B-3 代表河北种植的转基因玉米 DBN9936 的 3 次重复；C-1、C-2、C-3 代表吉林种植的受体玉米 DBN318 的 3 次重复；D-1、D-2、D-3 代表吉林种植的转基因玉米 DBN9936 的 3 次重复。

1.4.3 土壤 AM 真菌的多样性分析

AM 真菌的多样性指数是研究其群落物种数、个体数以及均匀度的综合指标。一般可用香农-维纳指数（H）、均匀度指数（En）和丰富度（S）表现。根据 DGGE 指纹图谱中每条条带的灰度比率对香农-维纳指数（H）、均匀度指数（En）和丰富度（S）进行分析，结果见表 1-3。

表 1-3 转基因玉米与非转基因玉米土壤样品中 AM 真菌 DGGE 图谱多样性指数

种植年份及地点	品种	香农-维纳指数（H）	丰富度（S）	均匀度指数（En）
2016 年河北土样	DBN318	2.94±0.12a	21.67±1.53a	0.96±0.02a
	DBN9936	3.01±0.09a	23.33±2.08a	0.95±0.00a
2016 年吉林土样	DBN318	2.83±0.14a	20.67±2.08a	0.94±0.02a
	DBN9936	2.81±0.11a	19.67±1053a	0.94±0.02a
2017 年河北土样	DBN318	3.10±0.11a	26.33±2.31a	0.95±0.01a
	DBN9936	3.23±0.02a	29.33±0.58a	0.95±0.01a
2017 年吉林土样	DBN318	3.28±0.11a	30.33±2.31a	0.96±0.01a
	DBN9936	3.33±0.10a	31.67±2.08a	0.96±0.10a

注：a 表示无显著性差异。

由表 1-3 可以看出，2016 年河北种植的受体玉米 DBN318 土壤 AM 真菌香农-维纳指数（H）和丰富度（S）低于转基因玉米 DBN9936，均匀度指数（En）则高于转基因玉米 DBN9936；吉林种植的受体玉米 DBN318 土壤 AM 真菌香农-维纳指数（H）和丰富度（S）

高于转基因玉米 DBN9936，均匀度指数（En）与转基因玉米 DBN9936 相等。

2017 年河北种植的受体玉米 DBN318 土壤 AM 真菌香农-维纳指数（H）和丰富度（S）低于转基因玉米 DBN9936，均匀度指数（En）与转基因玉米 DBN9936 相等；吉林种植的受体玉米 DBN318 土壤 AM 真菌香农-维纳指数（H）和丰富度（S）低于转基因玉米 DBN9936，均匀度指数（En）与转基因玉米 DBN9936 相等。

显著性分析表明相同种植年份受体玉米 DBN318 和转基因玉米 DBN9936 土壤 AM 真菌香农-维纳指数（H）、丰富度（S）和均匀度指数（En）均无显著性差异（$P>0.05$）。因此可以说明土壤中的 AM 真菌群落结构没有因为转基因玉米 DBN9936 的种植而发生显著性差异。

1.4.4　AM 真菌基因测序结果及系统发育树分析

根据 AM 真菌 DGGE 指纹图谱（见图 1-3）选择 DGGE 胶上易于区分的条带进行克隆测序。对 2016 年样品，从图谱中选取 21 条条带进行测序；对 2017 年样品，从图谱中选取 21 条条带进行测序。登录美国国家生物技术信息中心（National Center for Biotechnology Information，NCBI），得到条带所代表的 AM 真菌类型。一般认为所测得的序列用 DNAMAN 去除载体序列后，在 NCBI 上对比结果相似性≥97% 的序列视为同一序列型。对比结果见表 1-4 和表 1-5。

表 1-4　完熟期土壤样品中 AM 真菌 DGGE 条带对比结果（2016 年）

条带编号	登录号	同源性最高的菌株	相似度
1	JQ218148.1	Uncultured *Glomus* clone	100%
2	KX809136.1	Uncultured *Rhizophagus* clone	99%
3	KY979384.1	Uncultured *Glomus* clone	100%
6	KM365412.1	Uncultured Glomeraceae clone	100%
7	KC579419.1	Uncultured *Glomus* clone	99%
8	KY232438.1	Uncultured *Glomus* clone	99%
9	LN906586.1	Uncultured *Archaeospora* clone	99%
10	KU168035.1	Uncultured *Claroideoglomus*	100%
12	LT856617.1	Uncultured *Rhizophagus* clone	99%
13	LT856616.1	Uncultured *Rhizophagus* clone	100%
14	EU332725.1	Uncultured *Paraglomus* clone	98%
15	GQ140597.1	Uncultured *Glomus* clone	100%
16	KC588997.1	Uncultured *Glomus* clone	98%
17	JN559802.1	Uncultured *Glomus* clone	98%
18	MG835506.1	Uncultured *Glomus* clone	99%
19	KY979290.1	Uncultured *Glomus* clone	100%

条带编号	登录号	同源性最高的菌株	相似度
20	KM085113.1	Uncultured *Archaeospora* clone	97%
21	KY979289.1	Uncultured *Glomus* clone	99%
22	KY232529.1	Uncultured *Glomus* clone	99%
23	HE613489.1	Uncultured *Paraglomus* clone	99%
24	KU668988.1	Uncultured *Claroideoglomus*	99%

表 1-5 完熟期土壤样品中 AM 真菌 DGGE 条带对比结果（2017 年）

条带编号	登录号	同源性最高的菌株	相似度
1	KY979378.1	Uncultured *Glomus* clone	100%
2	KY232438.1	Uncultured *Glomus* clone	99%
3	KY979384.1	Uncultured *Glomus* clone	100%
4	KX154256.1	Uncultured *Rhizophagus* clone	100%
5	KY173792.1	Uncultured *Glomus* clone	97%
6	KY232420.1	Uncultured *Glomus* clone	98%
7	LN621194.1	Uncultured *Claroideoglomus*	100%
8	MG835539.1	Uncultured *Rhizophagus* clone	100%
9	KU361755.1	Uncultured *Glomus* clone	99%
10	KU668988.1	Uncultured *Claroideoglomus*	100%
11	KY232471.1	Uncultured *Glomus* clone	100%
12	MF567532.1	Uncultured Glomeromycotina clone	99%
13	HG425740.1	Uncultured *Glomus* clone	100%
14	KX462871.1	Uncultured *Rhizophagus* clone	99%
15	KF601851.1	Uncultured *Glomus* clone	100%
16	KT238942.1	Uncultured Glomeromycota clone	100%
17	KY979306.1	Uncultured *Glomus* clone	100%
18	KY232617.1	Uncultured *Glomus* clone	99%
19	MF567532.1	Uncultured Glomeromycotina clone	100%
20	LT672514.1	Uncultured *Claroideoglomus*	99%
21	KY232529.1	Uncultured *Glomus* clone	100%

分析 2016 年样品所得序列的归属（见表 1-4）以及样品的指纹图谱（见图 1-3）可以发现，河北与吉林种植的转基因玉米 DBN9936 与受体玉米 DBN318 土壤样品中均包含 Uncultured *Glomus*（球囊霉属）、Uncultured *Rhizophagus*（根孢囊霉属）、Uncultured

Glomeraceae（球囊霉科）、Uncultured *Archaeospora*（原囊霉属）、Uncultured *Claroideoglomus*（近明球囊霉属）和 Uncultured *Paraglomus*（类球囊霉属），且 Uncultured *Glomus*（球囊霉属）为共同优势属。对比河北种植样品的指纹图谱发现，条带 6 和条带 7 为转基因玉米 DBN9936 土壤特有条带，分别属于 Uncultured Glomeraceae（球囊霉科）和 Uncultured *Glomus*（球囊霉属）；条带 15 为受体玉米 DBN318 土壤特有条带，属于 Uncultured *Glomus*（球囊霉属）。对比吉林种植样品的指纹图谱发现，条带 1、条带 2 和条带 10 为受体玉米 DBN318 土壤特有条带，分别属于 Uncultured *Glomus*（球囊霉属）、Uncultured *Rhizophagus*（根孢囊霉属）和 Uncultured *Claroideoglomus*（近明球囊霉属）；条带 6、条带 7 和条带 18 为转基因玉米 DBN9936 土壤特有条带，其中条带 6 属于 Uncultured Glomeraceae（球囊霉科），条带 7 和条带 8 都属于 Uncultured *Glomus*（球囊霉属）。未能在 GenBank 收录相似的 AM 真菌分类中找到与条带 4、条带 5 和条带 11 相似的分类。

分析 2017 年样品所得序列的归属（见表 1-5）以及样品的指纹图谱（见图 1-3）可以发现，河北与吉林种植的转基因玉米 DBN9936 与受体玉米 DBN318 土壤样品中均包含 Uncultured *Glomus*（球囊霉属）、Uncultured *Rhizophagus*（根孢囊霉属）、Uncultured *Claroideoglomus*（近明球囊霉属）和 Uncultured Glomeromycotina（球囊菌亚门），且 Uncultured *Glomus*（球囊霉属）为共同优势属。对比河北种植样品的指纹图谱发现，条带 10、条带 13 和条带 15 为转基因玉米 DBN9936 土壤特有，条带 10 属于 Uncultured *Claroideoglomus*（近明球囊霉属），条带 13 和条带 15 属于 Uncultured *Glomus*（球囊霉属），受体玉米 DBN318 土壤中没有发现特有条带；对比吉林种植样品的指纹图谱发现，条带 1、条带 2、条带 4、条带 11 和条带 21 为转基因玉米 DBN9936 土壤特有，其中条带 1、条带 2、条带 11 和条带 21 属于 Uncultured *Glomus*（球囊霉属），条带 4 属于 Uncultured *Rhizophagus*（根孢囊霉属）。

结果表明，2016 年样品测序序列与数据库中的已知序列相似度均大于 97%；2017 年测序序列与数据库中的已知序列相似度均大于 97%。将测序获得的基因序列与数据库中最相似序列进行对比，采用 MEGA6 软件 Neighbor-Joining 法构建系统发育树并进行系统发育分析（见图 1-5 和图 1-6）。对 2016 年样品，根据进化上亲缘关系的相似度，条带 2、条带 3、条带 6、条带 8、条带 12、条带 13、条带 15、条带 16、条带 19、条带 21 形成了第 1 类群；条带 1、条带 7、条带 18、条带 22 形成了第 2 类群；条带 10、条带 17、条带 24 形成了第 3 类群；条带 9、条带 14、条带 20、条带 23 形成了第 4 类群。对 2017 年样品，根据进化上亲缘关系的相似度，条带 1、条带 2、条带 3、条带 4、条带 6、条带 8、条带 11 形成了第 1 类群；条带 13、条带 14、条带 15、条带 17、条带 18 形成了第 2 类群；条带 5、条带 9、条带 21 形成了第 3 类群；条带 7、条带 10、条带 12、条带 16、条带 19、条带 20 为第 4 类群。

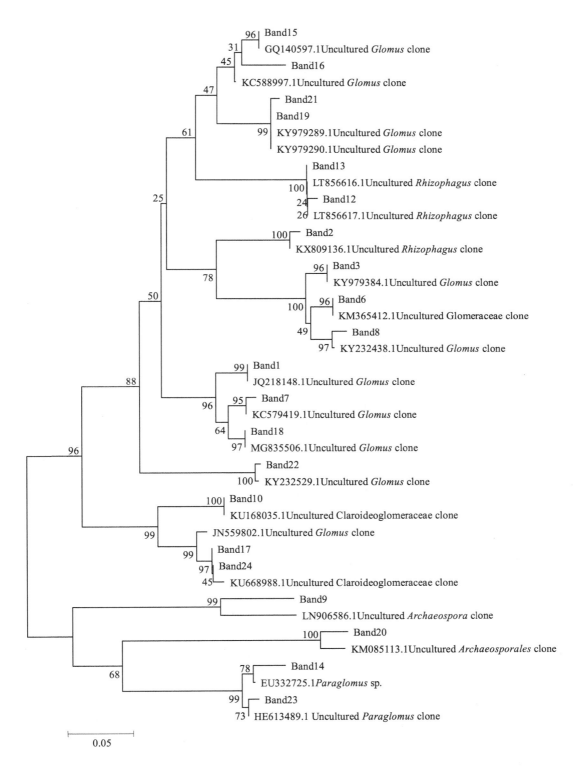

图 1-5　河北、吉林转基因玉米与非转基因玉米土壤中 AM 真菌系统发育树（2016 年）

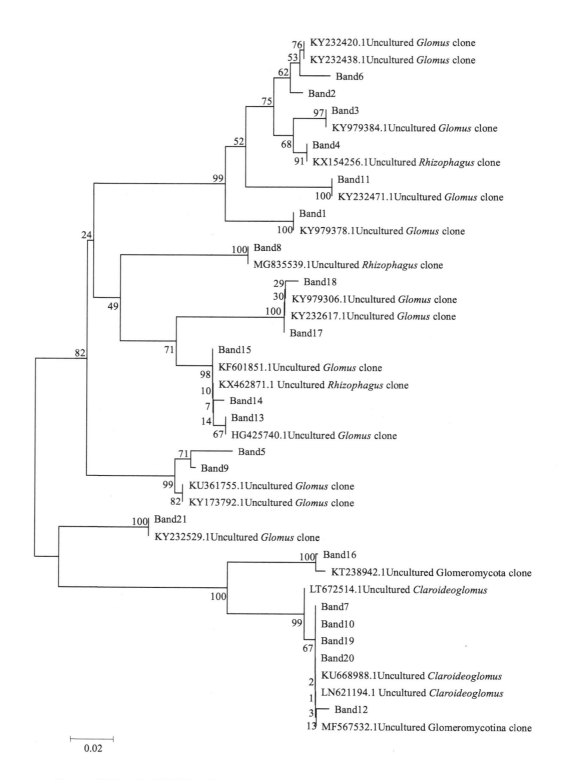

图 1-6 河北、吉林转基因玉米与非转基因玉米土壤中 AM 真菌系统发育树（2017 年）

1.4.5　转基因玉米种植对土壤微生物百分比组成的影响

对 PLFA 指纹图谱进行命名后，用 14:0，15:0，a15:0，i15:0，i16:0，16:1ω5，16:1ω7，16:1ω9，17:0，a17:0，i17:0，18:0，18:1ω7，cy17:0，cy19:0，i17:1ω6，10Me16:0，10Me17:0 和 10Me18:0 的总浓度代表细菌的生物量；用 18:2ω6，18:1ω9，18:1ω9c，15:1ω6c，16:1ω9c，16:1ω7c，17:1ω8c，18:1ω9c 和 18:1ω9t 的总浓度代表真菌的生物量；用 16:1ω5 和 18:1ω7 的总浓度代表 AM 真菌的生物量；用 a17:0 和 i17:0 的总浓度代表厌氧菌的生物量；用 i14:0，i15:0，a15:0，i16:0，i17:0 和 a17:0 的总浓度代表革兰氏阳性菌的生物量；用 16:1ω7t，16:1ω9c，16:1ω7c，18:1ω7c，18:1ω9c，cy17:0 和 cy19:0 的总浓度代表革兰氏阴性菌的生物量；用所有 PLFA 量的总和代表土壤微生物的生物量。

分析发现（见表 1-6），2016 年河北种植的转基因玉米 DBN9936 比受体玉米 DBN318 土壤微生物的生物量要低，2017 年的结果显示转基因玉米 DBN9936 要高于受体玉米 DBN318；吉林种植的转基因玉米 DBN9936 与受体玉米 DBN318 土壤微生物生物量的对比结果则为 2016 年受体玉米 DBN318 高于转基因玉米 DBN9936，2017 年转基因玉米 DBN9936 高于受体玉米 DBN318。对结果进行显著性分析，发现只有 2016 年吉林种植的受体玉米 DBN318 土壤微生物的生物量显著高于转基因玉米 DBN9936，其他样品均未出现显著性差异。

表 1-6　转基因玉米种植对土壤微生物 PLFA 量的影响

种植地点	品种	2016 年	2017 年
		生物量/（nmol/g）	生物量/（nmol/g）
河北	DBN318	48.13±3.46a	44.13±4.01a
	DBN9936	45.19±2.93a	45.27±3.02a
吉林	DBN318	59.42±3.65a	55.14±3.75a
	DBN9936	55.59±3.44b	63.16±3.42a

注：相同年份、地点不同后缀字母表示有显著性差异。

对不同微生物生物量百分比的研究表明（见图 1-7），2016 年在河北种植的转基因玉米 DBN9936 的细菌、革兰氏阴性菌、革兰氏阳性菌、厌氧菌、真菌和 AM 真菌生物量的百分比分别为 47%、10%、6%、15%、19%、3%。其中，细菌和革兰氏阳性菌均比受体玉米 DBN318 低 4 个百分点，AM 真菌比受体玉米 DBN318 低 1 个百分点，革兰氏阴性菌、厌氧菌和真菌分别比受体玉米 DBN318 高 1 个百分点、6 个百分点和 2 个百分点。同一时期在吉林种植的转基因玉米 DBN9936 的细菌、革兰氏阴性菌、革兰氏阳性菌、厌氧菌、真菌和 AM 真菌生物量的百分比分别为 61%、6%、5%、14%、13%、1%。其中，细菌比受体玉米 DBN318 高 5 个百分点，革兰氏阴性菌比受体玉米 DBN318 低 2 个百分点，革兰氏

阳性菌、真菌和 AM 真菌均比受体玉米 DBN318 低 1 个百分点，厌氧菌百分比与受体玉米
DBN318 相同。2017 年在河北种植的转基因玉米 DBN9936 的细菌、革兰氏阴性菌、革兰
氏阳性菌、厌氧菌、真菌和 AM 真菌生物量的百分比分别为 50%、12%、5%、15%、14%、
4%。其中，细菌、真菌和 AM 真菌均比受体玉米 DBN318 高 1 个百分点，革兰氏阴性菌
比受体玉米 DBN318 高 3 个百分点，革兰氏阳性菌和厌氧菌均比受体玉米 DBN318 低 3 个
百分点。同一时期在吉林种植的转基因玉米 DBN9936 的细菌、革兰氏阴性菌、革兰氏阳
性菌、厌氧菌、真菌和 AM 真菌生物量的百分比分别为 53%、11%、9%、14%、12%、1%。
其中，细菌、革兰氏阳性菌和 AM 真菌分别比受体玉米 DBN318 低 1 个百分点、4 个百分
点和 2 个百分点，革兰氏阴性菌和真菌分别比受体玉米 DBN318 高 4 个百分点和 3 个百分
点，厌氧菌百分比与受体玉米 DBN318 相同。

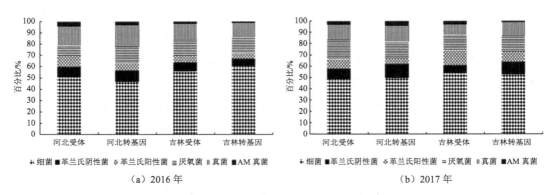

图 1-7 土壤微生物百分比组成

1.5 讨论

本研究分析了连续种植转基因玉米后土壤中 AM 真菌群落的多样性变化，结果表明相
同地区同一时期 DGGE 指纹图谱多为共有条带，说明代表这些条带的 AM 真菌群落比较
稳定，没有因为转基因玉米的种植而发生变化。聚类结果显示 2016 年样品和 2017 年样品
的最小相似度分别为 0.51 和 0.59。虽然其数值小于 0.6，但本研究不认为是由于转基因品
种的种植而引起的差异，这种差异应该是由于种植地点的不同而引起的。同时可以看到在
河北和吉林种植的转基因玉米 DBN9936 和受体玉米 DBN318 非常清晰地分在了聚类图的
上下两侧，这也进一步说明了这种差异是由于种植地点的不同而引起的。另外，同一种植
地点的转基因玉米 DBN9936 和受体玉米 DBN318 在聚类图中也有很清晰的分界，说明利
用这种方法能够区分植物对 AM 真菌的影响，也说明转基因玉米与非转基因玉米对 AM 真
菌群落是没有影响的。类似地，王敏等（2010）对转 *Bt* 基因玉米根际微生物群落结构的
研究也表明转基因玉米的种植对根际土壤真菌无显著影响。对土壤 AM 真菌的香农-维纳

指数、丰富度、均匀度指数研究表明，2016 年样品和 2017 年样品同一种植地点、同一生育时期转基因玉米 DBN9936 和受体玉米 DBN318 之间的香农-维纳指数、均匀度指数、丰富度均未出现显著性差异，这进一步说明了土壤中的 AM 真菌群落结构并没有因为转基因玉米 DBN9936 的种植而受到影响。

本研究发现，2016 年和 2017 年河北与吉林种植的转基因玉米 DBN9936 和受体玉米 DBN318 土壤 AM 真菌的优势属均为 Uncultured *Glomus*（球囊霉属）。对比 DGGE 指纹图谱可以发现 2016 年河北种植的转基因玉米 DBN9936 样品中条带 6 和条带 7 虽然未出现在受体玉米 DBN318 中，但对比结果条带 6 为 Uncultured Glomeraceae（球囊霉科），条带 7 为 Uncultured *Glomus*（球囊霉属），这两种类型的 AM 真菌均在受体玉米 DBN318 中出现。同样，吉林样品以及 2017 年的样品出现的特异条带都属于以上情况。造成这一结果的原因可能是 DGGE 试验过程中 DNA 突变导致的结果出现不同，Ercolini（2004）以及 Sekiguchi 等（2001）提出过类似的观点。且本研究中转基因样品与非转基因样品在相同种植地点同一生育时期多为共有条带，所以本研究认为这些特有的条带类群与是否为转基因品种无关。另外，本研究检测出的大多数 AM 真菌属于未能培养的，且大部分分类地位仍未知，要确定其具体种属还需要进一步研究。

本研究还发现 2016 年和 2017 年土壤样品中转基因玉米 DBN9936 和受体玉米 DBN318 的微生物生物量虽然有一定的变化，但大多都未因转基因玉米的种植而产生规律性的显著性差异。对于 2016 年吉林种植的受体玉米 DBN318 土壤微生物的生物量要显著高于转基因玉米 DBN9936 这种短暂而不持续的现象，本研究不认为是由于转基因玉米的种植造成的。另外，细菌、革兰氏阴性菌、革兰氏阳性菌、厌氧菌、真菌和 AM 真菌的百分比虽然在不同的生长期有所不同，但这些变化也都没有因为转基因品种的种植而产生一定的趋势。类似地，崔红娟等（2011）的研究也表明，转基因玉米根部土壤微生物生物量随时间变化有一定的消长，但同一时间内转基因玉米与非转基因玉米二者土壤中细菌、真菌和放线菌的数量差异均不显著且多样性也无差异性；崔跃原（2013）对转基因玉米土壤微生物的研究表明季节和玉米生育期变化对土壤微生物群落结构的影响远大于转基因玉米的种植对其造成的影响。因此，本研究认为转基因玉米 DBN9936 的种植没有对土壤微生物的生物量和土壤的微生物群落百分比产生直接影响，认为土壤 AM 真菌的生物量与群落百分比变化只是随着植物生育期的不同和季节的变化而发生变化。

1.6　小结

①转基因玉米 DBN9936 和受体玉米 DBN318 的种植土样中 AM 真菌 DGGE 指纹图谱在同生长地及同一生长时期多为共有条带，且同一时期同一种植地土壤 AM 真菌群落结构相似性较高，不同年份不同种植地优势属均为 Uncultured *Glomus*（球囊霉属）。

②转基因玉米与非转基因玉米的种植对土壤 AM 真菌香农-维纳指数（H）、均匀度指数（En）和丰富度（S）均未产生显著影响。

③转基因玉米与非转基因玉米的种植对土壤微生物的生物量未产生显著影响。

④土壤中 AM 真菌的百分比随着生长期的不同有一定的变化，但与转基因玉米的种植无关。

因此，本研究认为转基因玉米 DBN9936 的种植对土壤 AM 真菌群落多样性没有产生显著影响。

参考文献

柴晓芳，赵宏伟，肖长文，2012. 浅析转基因作物检测技术研究进展[J]. 种子世界，（11）：15-17.

陈洁君，王劲，宛煜嵩，等，2007. 转基因作物安全性评价与商品化前景分析[J]. 中国农业科技导报，（3）：38-43.

程春泉，贺学礼，赵金莉，等，2014. 蒙古沙冬青根围土壤 AM 真菌 PCR-DGGE 分析[J]. 西北农业学报，23（12）：175-183.

崔红娟，束长龙，宋福平，等，2011. 转 cry1ah 基因玉米对根际土壤微生物群落结构的影响[J]. 东北农业大学学报，42（7）：30-38.

崔跃原，2013. 转 phyAo 基因玉米对土壤微生物群落结构和生态功能的影响[D].武汉：华中农业大学.

杜建中，郝曜山，王亦学，等，2016. 我国转基因主粮作物产业化进展存在问题及对策[J]. 生物技术进展，6（3）：159-168.

杜伟，黄启星，左娇，等，2013. 南繁条件下转基因大豆对根际土壤可培养微生物的影响[J]. 热带作物学报，33（3）：417-421.

盖京苹，刘润进，2003. 土壤因子对野生植物 AM 真菌的影响[J]. 应用生态学报，（3）：470-472.

关潇，吴刚，王敏，2015. 转 Bt 基因水稻对土壤微生物群落结构的影响[J]. 湖北农业科学，54（5）：1046-1052，1058.

郭文文，李建勇，诸葛玉平，等，2009. 转基因作物对土壤生态安全的影响[J]. 山东农业科学，（10）：86-90.

郝蕾，2016. 浅谈转基因食品现状及其安全性[J]. 口岸卫生控制，21（2）：28-30.

黄晶心，高雁辉，杨璐，等，2011. 转 Bt 基因水稻对其根际可培养氨氧化菌的影响[J]. 上海师范大学学报（自然科学版），40（3）：306-310.

焦悦，梁晋刚，翟勇，2016. 转基因作物安全评价研究进展[J]. 作物杂志，（5）：1-7.

李建平，肖琴，周振亚，等，2012. 转基因作物产业化现状及我国的发展策略[J]. 农业经济问题，（1）：23-27.

李鑫星，周婧，许文涛，等，2017. 复合性状转基因作物及产品检测与溯源技术研究进展[J]. 农业机械学报，48（5）：117-217.

梁晋刚，张正光，2017. 转基因作物种植对土壤生态系统影响的研究进展[J]. 作物杂志，（4）：1-6.

梁晋刚，2015. 转基因高蛋氨酸大豆种植对根际微生物群落结构与功能影响的研究[D]. 南京：南京农业大学.

刘华清，李胜清，陈浩，2010. 转基因作物安全评价及检测技术[J]. 华中农业大学学报（社会科学版），（6）：14-19.

卢鑫萍，杜茜，闫永利，等，2012. 盐渍化土壤根际微生物群落及土壤因子对 AM 真菌的影响[J]. 生态学报，32（13）：4071-4078.

万建民，2011. 我国转基因植物研发形势及发展战略[J]. 生命科学，23（2）：157-167.

王凤玲，张锐，陈秀华，2017. 转 *Bt* 基因棉叶片腐熟物抑制 AM 真菌定殖及菌根对磷的吸收[J]. 菌物学报，36（7）：963-971.

王立平，王东，龚熠欣，等，2018. 国内外转基因农产品食用安全性研究进展与生产现状[J]. 中国农业科技导报，20（3）：94-103.

王敏，孙红炜，武海斌，等，2010. 转 *Bt* 基因玉米根际微生物和细菌生理群多样性[J]. 生态学杂志，29（3）：511-516.

王蕊，朱珂，李刚，等，2018. 转 *cry1Ab* 和 *epsps* 基因玉米 C0030.3.5 对土壤固氮细菌丰度和群落结构的影响[J]. 环境科学，39（8）：1-16.

王晓宜，冯远娇，闫帅，等，2016. 连续种植 Bt 玉米对土壤 Bt 蛋白含量及微生物数量的影响[J]. 生态环境学报，25（12）：1945-1952.

修伟明，赵建宁，李刚，等，2017. 转基因作物土壤环境安全研究[M]. 北京：科学出版社：1-5.

袁红旭，张建中，郭建夫，等，2005. 种植转双价抗真菌基因水稻对根际微生物群落及酶活性的影响[J]. 土壤学报，（1）：122-126.

张海波，梁月明，冯书珍，等，2016.土壤类型和树种对根际土丛枝菌根真菌群落及其根系侵染率的影响[J]. 农业现代化研究，37（1）：187-194.

赵云丽，李刚，修伟明，等，2015. 非抗虫转基因棉花对土壤细菌群落多样性的影响[J]. 农业环境科学学报，34（4）：716-721.

周云龙，李宁，2013. 转基因给世界多一种选择[M]. 北京：中国农业出版社：147.

Ercolini D，2004. PCR-DGGE fingerprinting：novel strategies for detection of microbes in food[J]. Microbiol Methods，56（3）：297-314.

Frostegård A，Bååth E，1996. The use of phospholipid fatty acid analysis to estimate bacterial and fungal biomass in soil[J].Biology and Fertility of Soils，22：59-65.

Guan Z J，Lu S B，Huo Y L，2016. Do genetically modified plants affect adversely on soil microbial communities?[J]. Agriculture，Ecosystems & Environment，235：289-305.

ISAAA，2020. ISAAA Brief 55-2019：Executive Summary-Biotech Crops Drive Socio-Economic Development and Sustainable Environment in the New Frontier[R]. https://www.isaaa.org/resources/publications/briefs/55/executivesummary/default.asp.

Ito T，Araki M，Komatsuzaki M，2015. Soil nematode community structure affected by tillage systems and cover crop managements in organic soybean production[J]. Applied Soil Ecology，（86）：137-147.

Ndoye F，Kane A，Bakhoum N，2013. Response of *Acacia senegal*（L.）Willd. to inoculation with arbuscular mycorrhizal fungi isolates in sterilized and unsterilized soils in Senegal[J]. Agroforestry Systems，87（4）：941-952.

Pasonen H L，Lu J R，Niskanen A M，2009. Effects of sugar beet chitinase Ⅳ on root-associated fungal community of transgenic silver birch in a field trial [J]. Planta，230（5）：973-983.

Saxena D，Florest S，Stotzky G，2002. Bt toxin is released inroot exudates from 12 transgenic corn hybrids representing three transformation events[J]. Soil Biology and Biochemistry，（34）：133-137.

Sekiguchi H，Tomioka N，Nakahara T，2001. A single band does not always represent single bacterial strains in denaturing gradient gel electrophoresis analysis[J]. Biotechnology Letters，（23）：1205-1208.

Turrini A，Sbrana C，Giovannetti M，2008. Experimental Systems to Monitor the Impact of Transgenic Corn on Keystone Soil Microorganisms[C]. Modena：16 IFOAM Organic World Congress. http://orgprints.org/view/projects/conference.html.

Turrini A，Sbrana C，Nuti M P，et al.，2004. Development of a model system to assess the impact of genetically modified corn and aubergine plants on arbuscular mycorrhizal fungi[J]. Plant and Soil，266：69-75.

Visser S，Parkinson D，1992. Soil biological criteria as indicators of soil quality：Soil microorganisms[J]. American Journal of Alternative Agriculture，（7）：33-37.

Yang H J，Jiang L，Li L H，2012. Diversity-dependent stability under mowing and nutrient addition：evidence from a 7-year grassland experiment [J]. Ecology Letters，15（6）：619- 626.

（赵建宁　刘瑞华　李刚　修伟明　杨殿林　刘惠芬）

第2章 转基因玉米 DBN9936 对灰尖巴蜗牛 和同型巴蜗牛的影响

2.1 引言

根据国际农业生物技术应用服务组织（ISAAA）的报告，全球转基因农作物的面积已从 1996 年的 170 万 hm^2 增加到 2019 年的 1.904 亿 hm^2，增长了 111 倍。在转基因作物商业化的 24 年间，全球累计种植转基因作物超过 27 亿 hm^2。根据 ISAAA 的报告，1996—2018 年，转基因技术累计提高全球农作物生产力达 8.22 亿 t，节省了 2.31 亿 hm^2 的土地。截至 2019 年年底，全球共有 71 个国家和地区（欧盟 26 个国家统计为 1 个地区）发布了有关转基因生物技术的法规批准，这些批准的作物既可以食用、饲用或加工，也可以用于商业种植。其中，转基因玉米种植面积为 6 090 万 hm^2，与 2018 年相比增加 3.4%，应用率为 31%。从新获批转基因品种来看，玉米是转化体获批数量最多的作物，获批了 146 个，远高于大豆（38 个），转基因玉米潜在增长空间庞大（ISAAA，2019）。转 *Bt* 基因作物由于其针对鳞翅目害虫专一、高效的杀虫性，得到了广泛的使用。但关于转 *Bt* 基因作物对非靶标动物的安全性一直存在争论，一些研究发现转 *Bt* 基因作物对非靶标动物产生了不利影响（Snow et al.，2005；Hagenbucher et al.，2013；Han et al.，2014；Kumar et al.，2014；Ladics et al.，2015），但同时也有很多研究表明转 *Bt* 基因作物对非靶标生物没有造成不利影响（Mbitsemunda et al.，2019；Mendelsohn et al.，2003；Duan et al.，2008；Sanahuja et al.，2011；Lu et al.，2012；Hendriksma et al.，2013；Comas et al.，2014；Wolfenbarger et al.，2014）。

在过去的 20 年间，研究者对利用以蜗牛为代表的腹足纲土壤动物进行环境污染的生物监测展现出越来越浓厚的兴趣，并且开展了一系列卓有成效的研究（Cœurdassier et al.，2010；de Vaufleury et al.，2006；Cœurdassier et al.，2002；ISO，2018）。蜗牛作为一种食谱广泛的植食性生物，是中国玉米田的一种常见害虫，不仅会直接取食玉米幼嫩茎叶，而且会接触并取食可能含有 Bt 蛋白的土壤，因为转基因作物的外源蛋白会随着根系分泌物或者残体降解而残留于土壤中，并持续较长时间（Saxena et al.，2002；Tapp et al.，1998；

Zwahlen et al.，2003）。同时蜗牛也是玉米田重要的食物链一员，很多动物以蜗牛为食（Dallinger et al.，2001）。因此，以蜗牛为非靶标动物研究转 *cry1Ab* 和 *epsps* 基因玉米 DBN9936 的环境安全性具有重要的意义。

有研究者使用转基因玉米长时间喂饲蜗牛（Kramarz et al.，2009），另有研究者将纯化 Bt 蛋白加入食物和土壤，对蜗牛进行毒理试验（Kramarz et al.，2007），结果均没有对蜗牛产生不利影响。但也有研究报道以转基因玉米和亲本玉米喂饲的热带小泡螺出现了发育不稳定和生育能力下降的情况（Minnaar，2014）。还有一些研究报道某些 *Bt* 菌种对亚历山大螺和地中海白蜗牛有毒杀作用（Ali et al.，2010；Salem et al.，2006；Abd El-Ghany et al.，2017；Wang et al.，2013）。

灰尖巴蜗牛〔*Bradybaena ravida*（Acusta）〕和同型巴蜗牛〔*Bradybaena similaris*（Férussac）〕是中国玉米田中最常见的两种陆生蜗牛，它们广泛分布于中国各地，生活在玉米田土壤中并能以玉米为食（Chen et al.，2002；Hao，2007；de Vaufleury et al.，2007）。本研究以这两种蜗牛为研究对象，以转 *cry1Ab* 和 *epsps* 基因玉米 DBN9936 为研究材料，采用玉米叶直接喂饲和人工饲料添加玉米叶喂饲，在室内进行了短期饲养和长期饲养，对蜗牛的生长发育、繁殖孵化、超氧化物歧化酶（SOD）和 Bt 蛋白残留进行了监测，较为全面地评价了转 *cry1Ab* 和 *epsps* 基因玉米 DBN9936 对两种蜗牛的影响。

2.2 材料与方法

2.2.1 试验材料

2.2.1.1 玉米

以北京大北农生物技术有限公司提供的转 *cry1Ab* 和 *epsps* 基因玉米 DBN9936 及其亲本 DBN318 为研究对象。

2.2.1.2 蜗牛种类

本研究室内试验中所用蜗牛于 2020 年 9 月采集自南京市六合区菜地中，挑选螺层在 5 以上、大小接近的成年灰尖巴蜗牛和同型巴蜗牛各 30 只。随后在室内进行传代饲养，产卵用于后续试验。

2.2.2 饲养方法

本研究于 2020 年 10 月至 2021 年 10 月在环境保护生物安全重点实验室内进行。参照 ISO 标准（ISO 15952）建议略加修改（ISO，2018）。蜗牛置于圆形塑料饲养盒中，圆盒直径 10 cm，高度 12 cm。底部铺 5～8 cm 的人造土壤，其成分包括 10%泥炭土、20%高岭土、69%黄沙、1%碳酸钙，混合均匀后采取湿热灭菌法灭菌，冷却后调节 pH 为 5～7、含水量为 50% 左右，以纱布罩住盒口，置于人工气候箱中，保持温度在 20～25℃、空气相对湿度在 85% 左右，光照时间/黑暗时间为 18 L/6D，光照强度不高于 100 lx。使用人工饲料预喂饲蜗牛以传代饲养，初孵蜗牛用于正式试验。蜗牛生长初期可密集饲养，渐大之后会分散生活，长期饲养试验采取两只一盒配对饲养。

2.2.2.1　玉米叶喂饲

对温室种植的转 *cry1Ab* 和 *epsps* 基因玉米 DBN9936 及其亲本 DBN318，定期采集新鲜的幼嫩玉米叶喂饲蜗牛。适合用于短期喂饲蜗牛。

2.2.2.2　人工饲料喂饲

以人工饲料添加转基因玉米 DBN9936 及其亲本玉米 DBN318（500 g/kg）喂饲蜗牛，每处理 3 组重复，每组投放 2 只重量接近的初孵幼贝，其间每 3 天更换一次食物并清理粪便，每 30 天监测一次蜗牛体重和螺层数，直至 210 天。

人工饲料参考 ISO 标准（ISO 15952）建议略加修改（ISO，2018）。配方：每 1 kg 人工饲料包括大豆粉 100 g、小麦粉 100 g、酵母粉 50 g、磷酸氢钙 30 g、蔗糖 20 g、复合维生素（烟酰胺 1.0 g，硫胺素 0.25 g，核黄素 0.50 g，吡哆素 0.25 g，钴胺素 0.02 g，叶酸 0.25 g，泛酸钙 1.0 g，生物素 0.02 g）、体积分数为 40% 的甲醛 1 mL，加水 600 mL。混匀后高压灭菌，冷却凝固后低温冷藏。使用前，根据试验需要，在上述人工饲料中使用粉碎后的转基因玉米或亲本玉米粉末 100 g，喂饲蜗牛。

2.2.3　试验方法

2.2.3.1　死亡率测定

将含有转基因玉米 DBN9936 及其亲本玉米粉末的人工饲料喂饲蜗牛。阳性对照为混入蜗克星的人工饲料（1 g/10 g），每处理 3 组重复，每组 10 只初孵蜗牛。每 2 天更换饲料，清理粪便，每 3 天记录蜗牛存活情况。持续 15 天，之后蜗牛生长稳定，每 30 天监测一次蜗牛死亡率，直至试验结束（210 天）。

2.2.3.2　蜗牛长期饲养生长情况

用含有转基因玉米 DBN9936 及其亲本玉米粉末的人工饲料喂饲蜗牛，每处理 3 组重复，每组投放 2 只重量接近的初孵幼贝，其间每 3 天更换一次食物并清理粪便，每 30 天监测一次蜗牛体重、螺层数和直径，直至 210 天。

2.2.3.3　蜗牛繁殖情况

按上述方法长期饲养蜗牛，待蜗牛首次产卵后，记录产卵时间、产卵数量和孵化率。

2.2.3.4　SOD 酶活性检测

在各项喂饲蜗牛试验结束后，取蜗牛匀浆，使用 SOD 检测试剂盒（sigma）检测蜗牛体内 SOD 酶活性。

2.2.3.5 蜗牛体内和粪便中 Bt 蛋白含量测定

在各项喂饲蜗牛试验结束后，使用 Bt 蛋白定量检测试剂盒（envirologix）对各处理组蜗牛体内和粪便样品进行 Bt 蛋白残留量检测，同时也对野外采集的蜗牛进行 Bt 蛋白残留检测，对室内长期喂饲蜗牛的初次产卵也进行 Bt 蛋白含量测定。测定方法依照试剂盒说明书进行。

2.2.4 数据处理与统计分析方法

使用 Excel 2010 软件进行数据的处理和作图，采用单因素方差分析（One-way ANOVA）和最小显著差异法（LSD，$\alpha = 0.05$）比较不同处理间差异的显著性。

2.3 试验结果

2.3.1 死亡率

2.3.1.1 喂饲叶片组死亡率

喂饲不同玉米叶片后的 15 天内，各处理组的死亡情况见表 2-1。在试验开始的 15 天内，灰尖巴蜗牛和同型巴蜗牛在喂饲转基因玉米和亲本玉米叶片后，仅在喂饲 DBN318 玉米叶片的同型巴蜗牛组第一天死亡 1 只，死亡率小于 5%，而喂饲涂抹蜗克星玉米叶片的蜗牛则在 3 天内全部死亡。

表 2-1 蜗牛喂饲叶片组死亡率 单位：%

蜗牛种类	处理组	死亡率					
		1 天	3 天	6 天	9 天	12 天	15 天
灰尖巴蜗牛	DBN318	0	0	0	0	0	0
	DBN9936	0	0	0	0	0	0
	蜗克星	90.00	100	100	100	100	100
同型巴蜗牛	DBN318	3.33	3.33	3.33	3.33	3.33	3.33
	DBN9936	0	0	0	0	0	0
	蜗克星	96.67	100	100	100	100	100

2.3.1.2 喂饲人工饲料组死亡率

以人工饲料添加玉米叶片粉末喂饲蜗牛，蜗牛死亡率情况见表 2-2。喂饲人工饲料的各组中，在 72 h 内，除了出现极个别死亡情况外，转基因玉米和亲本玉米处理组的蜗牛均能正常生长。喂饲添加蜗克星人工饲料组的蜗牛则全部死亡。

表 2-2　蜗牛喂饲人工饲料死亡率　　　　　　　　　　　　　　　　　单位：%

蜗牛种类	处理组	死亡率										
		1 天	3 天	6 天	9 天	12 天	15 天	18 天	21 天	24 天	27 天	30 天
灰尖巴蜗牛	DBN318	3.33	6.67	6.67	6.67	6.67	6.67	6.67	6.67	6.67	6.67	6.67
	DBN9936	0	0	0	0	0	0	0	0	0	0	0
	蜗克星	90.00	100.00	100.00	100.00	100.00	100.00	100.00	100.00	100.00	100.00	100.00
同型巴蜗牛	DBN318	3.33	3.33	3.33	3.33	3.33	3.33	3.33	3.33	3.33	3.33	3.33
	DBN9936	0	3.33	3.33	3.33	3.33	3.33	3.33	3.33	3.33	3.33	3.33
	蜗克星	96.67	100.00	100.00	100.00	100.00	100.00	100.00	100.00	100.00	100.00	100.00

2.3.2　蜗牛长期喂饲体重变化

蜗牛长期喂饲体重变化见表 2-3。从喂饲添加转基因玉米及其亲本玉米叶片饲料的第 1 天开始，直至其产卵并延续监测至 210 天，分别测定了各个处理组蜗牛的体重。结果显示，两种蜗牛品种的体重有明显差异。但相同蜗牛品种内，在转基因玉米和亲本玉米处理组之间，在同一检测时间，各处理组之间没有显著性差异（$P>0.05$）。

表 2-3　蜗牛长期喂饲体重变化　　　　　　　　　　　　　　　　　　单位：mg

蜗牛种类	处理组	体重								
		1 天	10 天	30 天	60 天	90 天	120 天	150 天	180 天	210 天
灰尖巴蜗牛	DBN318	2.66± 0.10a	67.83± 6.45a	123.29± 16.42 a	261.13± 34.40a	528.13± 79.47 a	848.47± 73.11a	1 107.83± 75.06a	1 255.60± 66.49a	1 171.63± 72.01a
	DBN9936	2.63± 0.13a	62.47± 11.56a	115.70± 21.70a	251.30± 34.25a	528.13± 67.23a	825.50± 81.09a	1 085.13± 105.06a	1 200.47± 108.56a	1 143.83± 105.91a
同型巴蜗牛	DBN318	2.06± 0.07b	20.60± 1.75b	36.93± 9.50b	85.37± 12.85	170.87± 17.91b	236.43± 37.51b	349.33± 51.71b	397.93± 56.19b	365.90± 58.19b
	DBN9936	2.09± 0.09b	21.30± 3.74b	38.27± 6.48b	84.54± 11.42b	177.40± 19.56b	243.43± 44.09 b	353.83± 49.94b	410.93± 52.69b	383.80± 0.25 b

注：同一列有相同字母表示没有显著性差异。

2.3.3　蜗牛长期喂饲螺层数变化

蜗牛长期喂饲螺层数变化见表 2-4。从喂饲添加转基因玉米及其亲本玉米叶片饲料的第 1 天开始，直至其产卵并延长至 210 天，分别测定了各个处理组蜗牛的螺层数。结果表明，转基因玉米和亲本玉米处理组的螺层数增长趋势一致。在同一检测时间，不同处理组之间没有显著性差异（$P>0.05$）。

表 2-4　蜗牛长期喂饲螺层数变化　　　　　　　　　　　　单位：层

蜗牛种类	处理组	螺层数								
		1 天	10 天	30 天	60 天	90 天	120 天	150 天	180 天	210 天
灰尖巴蜗牛	DBN318	1.40±0.10a	1.83±0.06a	2.87±0.06a	3.40±0.10a	4.10±0.10a	4.50±0.10a	5.10±0.17a	5.63±0.15a	5.70±0.10a
	DBN9936	1.33±0.06a	1.93±0.06a	2.77±0.12a	3.60±0.10a	4.07±0.12a	4.67±0.15a	5.03±0.21a	5.43±0.12a	5.60±0.10a
同型巴蜗牛	DBN318	1.37±0.15a	2.03±0.15a	2.97±0.15a	3.50±0.17a	4.17±0.21a	4.47±0.15a	5.17±0.12a	5.47±0.15a	5.80±0.10a
	DBN9936	1.47±0.06a	2.00±0.10a	2.87±0.12a	3.67±0.15a	4.20±0.10a	4.70±0.17a	5.03±0.15a	5.37±0.15a	5.73±0.25a

注：同一列有相同字母表示没有显著性差异。

2.3.4　蜗牛长期喂饲螺壳直径变化

蜗牛长期喂饲螺壳直径变化见表 2-5。从喂饲添加转基因玉米及其亲本玉米叶片饲料的第1 天开始，直至其产卵并延长至 210 天，分别测定各个处理组蜗牛的螺壳直径。结果发现，在蜗牛生长的前 3 个月，螺壳直径增长较快，后期逐渐放缓并达到稳定。转基因玉米和亲本玉米处理组的螺壳直径增长趋势一致。同一检测时间，不同处理组之间没有显著性差异（$P>0.05$）。

表 2-5　蜗牛长期喂饲螺壳直径变化　　　　　　　　　　　单位：mm

蜗牛种类	处理组	螺壳直径								
		1 天	10 天	30 天	60 天	90 天	120 天	150 天	180 天	210 天
灰尖巴蜗牛	DBN318	1.53±0.06	4.57±0.21	8.00±0.46	12.03±0.42	15.40±0.44	17.70±0.46	20.23±0.42	20.73±0.49	20.70±0.44
	DBN9936	1.53±0.06	4.63±0.06	7.93±0.15	12.10±0.17	15.30±0.26	17.57±0.35	19.90±0.30	20.43±0.32	20.53±0.25
同型巴蜗牛	DBN318	1.67±0.06	3.57±0.25	6.67±0.21	9.70±0.53	12.00±0.46	13.43±0.59	14.47±0.57	15.47±0.67	15.47±0.57
	DBN9936	1.67±0.06	3.57±0.15	6.80±0.36	9.53±0.59	11.70±0.53	13.43±0.42	14.23±0.59	15.43±0.55	15.60±0.60

2.3.5　蜗牛繁殖率统计

按上述长期喂饲方法饲养至蜗牛初次产卵，统计两种蜗牛初次产卵时间、产卵量及孵化率。如表2-6所示，发现灰尖巴蜗牛初次产卵时间略晚于同型巴蜗牛，但差异不显著。灰尖巴蜗牛的产卵量显著高于同型巴蜗牛各组，但两种蜗牛品种内部各处理组间没有差异，孵化率也没有差异。

表2-6　蜗牛初次产卵时间、产卵量和孵化率

蜗牛品种	处理组	初次产卵时间/d	产卵量/个	孵化率/%
灰尖巴蜗牛	DBN318	192.67±9.71a	285.67±54.01a	53.20±6.45a
	DBN9936	189.67±4.51a	310.00±48.69a	54.58±4.94a
同型巴蜗牛	DBN318	188.33±6.51a	169.67±16.50b	46.91±2.73a
	DBN9936	191.67±7.02a	176.67±14.57b	42.57±5.93a

注：同一列有相同字母表示没有显著性差异。

2.3.6　SOD酶活性检测

SOD广泛存在于各种生物体内，是一种清除各种自由基的重要酶类。机体在接触外来某些刺激（尤其一些有毒物质）时，往往会造成SOD酶活性的升高，因此SOD酶活性经常被很多研究者用来指示机体的应激反应。在各项喂饲试验结束后，检测了蜗牛体内的SOD酶活性，结果见表2-7。在全部处理中，不论是叶片组，还是饲料组，SOD酶活性随着饲养时间的延长而增加，灰尖巴蜗牛的SOD酶活性均高于同型巴蜗牛，某些处理中差异达到显著（$P < 0.05$）。在同种蜗牛组内，喂饲转基因玉米及其亲本玉米叶片的个体体内SOD酶活性没有显著性差异（$P > 0.05$）。

表2-7　蜗牛体内SOD酶活性

蜗牛种类	处理组	不同饲养时间的SOD酶比活力/（IU/mg）				
		叶片组		饲料组		
		1 d	15 d	1 d	30 d	210 d
灰尖巴蜗牛	DBN318	1.60±0.11a	1.87±0.16a	1.44±0.22a	1.93±0.19a	2.24±0.28a
	DBN9936	1.56±0.09ab	1.90±0.11a	1.51±0.26a	1.89±0.18a	2.18±0.19a
同型巴蜗牛	DBN318	1.38±0.06b	1.45±0.14b	1.38±0.16a	1.74±0.14a	1.96±0.13a
	DBN9936	1.36±0.14ab	1.53±0.12b	1.37±0.13a	1.77±0.08a	1.92±0.19a

注：同一列有相同字母表示没有显著性差异。

2.3.7 蜗牛体内、卵和粪便中 Bt 蛋白含量检测

在野外调查以及室内喂饲试验结束后，检测了蜗牛体内、卵以及粪便中的 Bt 蛋白含量，结果见表 2-8。不论 15 天饲养，还是 210 天饲养，蜗牛的体内以及卵内均未检测出 Bt 蛋白，而在喂饲 DBN9936 玉米的蜗牛粪便中检测出 Bt 蛋白。野外采集的蜗牛不论来自转基因玉米田还是亲本玉米田，体内均未检测出 Bt 蛋白残留。长期生长试验的蜗牛产下的卵中也未检测出 Bt 蛋白。

表 2-8　蜗牛体内和粪便中 Bt 蛋白含量

蜗牛品种	处理组		Bt 蛋白含量/（ng/g）			
			蜗牛体内		粪便	
			15 d	210 d	15 d	210 d
灰尖巴蜗牛	叶片组	DBN318	0	—	0	—
		DBN9936	0	—	379.94±48.07a	—
	饲料组	DBN318	0	0	0	—
		DBN9936	0	0	157.06±13.30 b	151.50±19.77 b
同型巴蜗牛	叶片组	DBN318	0	—	0	—
		DBN9936	0	—	409.65±26.77a	—
	饲料组	DBN318	0	0	0	—
		DBN9936	0	0	164.59±17.03 b	160.22±23.04 b

注：同一列有相同字母表示没有显著性差异。

2.4　讨论

本研究首先利用转基因玉米叶片直接喂饲蜗牛。试验过程中，灰尖巴蜗牛和同型巴蜗牛在喂饲转基因玉米和亲本玉米叶片后，仅在喂饲亲本玉米叶片的同型巴蜗牛组第一天死亡 1 只，可能是转移过程中受损伤致死，其余处理组均没有出现死亡和休眠情况，而喂饲涂抹蜗克星玉米叶的蜗牛则在 3 天内全部死亡。蜗牛在自然环境中会取食玉米幼嫩茎叶，直接喂饲叶片最接近真实情况，在这种情况下蜗牛没有出现死亡和休眠情况，说明转 *cry1Ab* 和 *epsps* 基因玉米 DBN9936 对两种蜗牛没有急性毒性效应。但由于叶片营养成分单一、蜗牛喜食的幼嫩叶片来源偏少等问题，本研究只进行了 15 天的短期试验。

随后本研究采用人工饲料添加玉米叶粉末喂饲蜗牛。在 210 天试验时间内，两种蜗牛喂饲转 *Bt* 基因玉米组与亲本玉米组在死亡率、体重、螺层数等方面均未表现出显著性差异。这与 de Vaufleury 等（2007）的报道结果一致，他们以转 *Bt* 基因玉米饲养欧洲散大蜗牛 3 个月，未发现对其存活和生长有不利影响。Kramarz 等（2007）报道了在欧洲散大蜗牛的土壤和食物中添加 Cry1Ab 蛋白，与对照相比没有对蜗牛各生长阶段造成不利影响。

而 Kramarz 等（2009）使用了转 *cry1Ab* 基因玉米粉末饲养蜗牛，在饲养 47 周后，发现转基因玉米组的蜗牛体重比常规组减少了 25%，但这种差异在饲养的第 88 周又消失了。本研究在长期饲养试验中发现，在蜗牛产卵后，体重会有一定程度的下降，随后随着营养补充又回升到正常，所以本研究分析，有的文献报道的体重减少的结果，有可能是由于产卵时间不同造成的体重差异。

在 210 天时间内，两种蜗牛均产卵了两次，本研究分别统计了产卵时间、产卵量和孵化率。结果显示，两个蜗牛种群间的各项数据差异显著，但在同种蜗牛间，转基因玉米组和亲本玉米组之间，各项数据没有显著性差异。与此报道一致的是，Kramarz 等（2009）使用了转 *cry1Ab* 基因玉米粉末饲养蜗牛，与亲本组相比，繁殖数据没有显著差异。这说明转基因玉米叶不会对蜗牛的生殖能力造成不利影响。

本研究还检测了与蜗牛体内防御功能密切相关的 SOD 酶活性。在全部处理中，灰尖巴蜗牛的 SOD 酶活性均高于同型巴蜗牛，在某些处理中差异达到显著（$P<0.05$）。而在同种蜗牛组内，喂饲转基因玉米及其亲本玉米叶片的个体体内 SOD 酶活性没有显著性差异。说明转基因玉米与亲本玉米相比，不会更多刺激 SOD 酶活性的变化。

最后，本研究检测了蜗牛体内、卵和粪便中的 Bt 蛋白含量。结果显示，室内饲养蜗牛的体内均未检测出 Bt 蛋白，长期喂饲试验的蜗牛产下的卵中也未检测出 Bt 蛋白。仅在喂饲 DBN9936 玉米的蜗牛粪便中检测出了 Bt 蛋白残留。de Vaufleury 等（2007）报道在喂饲转 *cry1Ab* 和 *epsps* 基因玉米 DBN9936 的蜗牛组织内检测到含量为 0.04～0.11 μg/g 的 Bt 蛋白。这与本研究的结果相反，推测有可能是采取了不同的检测方法，本研究采用的蜗牛组织是经过清洗后的，尤其注意对消化道的清洗，以防粪便残留。这些证据说明，Bt 蛋白不会在蜗牛体内积累富集，但却有可能通过体内的残留食物把 Bt 蛋白传递给捕食者。

综上所述，本研究以转 *cry1Ab* 和 *epsps* 基因玉米 DBN9936 和其亲本为食物，对我国主要玉米区内特有的灰尖巴蜗牛和同型巴蜗牛进行短期和长期室内监测。结果表明，无论是短期还是长期试验，无论是室内还是野外，转 *cry1Ab* 和 *epsps* 基因玉米 DBN9936 对两种蜗牛的生长繁殖情况均没有不利影响，Bt 蛋白也没有在其体内积累和富集。这些研究数据对于研究转 *Bt* 基因作物对非靶标生物的研究有着很重要的意义。

参考文献

Abd El-Ghany A M，Abd El-Ghany N M，2017. Molluscicidal activity of *Bacillus thuringiensis* strains against *Biomphilaria alexandrina* snails[J]. Beni-Suef University Journal of Basic and Applied Sciences，6（4）：391-393.

Ali B A，Salem H H，Wang X，et al.，2010. Effect of *Bacillus thuringiensis* var. *israelensis* endotoxin on the intermediate snail host of *Schistosoma japonicum*[J]. Current Research in Bacteriology，3（1）：37-41.

Chen D N，Zhang G Q，Xu W X，et al.，2002. *Bradybaena ravida*（Benson）（Bradybaenidae）in cereal-cotton rotations of Jingyang County，Shaanxi Province，China[M]//Barker G M. Molluscs As Crop Pest.

Cœurdassier M，de Vaufleury A G，Badot P，2010. Dose-dependent growth inhibition and bioaccumulation of hexavalent chromium in land snail *Helix aspersa aspersa*[J]. Environmental Toxicology and Chemistry，19（10）：2571-2578.

Cœurdassier M，de Vaufleury A G，Lovy C，et al.，2002. Is the cadmium uptake from soil important in bioaccumulation and toxic effects for snails? [J]. Ecotoxicology and Environmental Safety，53（3）：425-431.

Comas C，Lumbierres B，Pons X，et al.，2014. No effects of *Bacillus thuringiensis* maize on nontarget organisms in the field in southern Europe：a meta-analysis of 26 arthropod taxa[J]. Transgenic Research，23：135-143.

Dallinger R，Berger B，Triebskorn-Köhler R，et al.，2001. Soil biology and ecotoxicology[M]//Baker G M. The biology of terrestrial molluscs. Wallingford：C.A.B. International Publishing：489-525.

de Vaufleury A G，Cœurdassier M，Pandard P，et al.，2006. How terrestrial snails can be used in risk assessment of soils[J]. Environmental Toxicology and Chemistry，25（3）：797-806.

de Vaufleury A G，Kramarz P，Binet P，et al.，2007. Exposure and effects assessments of Bt-maize on non-target organisms（gastropods，microarthropods，mycorrhizal fungi）in microcosms[J]. Pedobiologia，51（3）：185-194.

Duan J J，Marvier M，Huesing J，et al.，2008. A meta-analysis of effects of Bt crops on honey bees（Hymentoptera：Apidae）[J]. PLoS One，3（1）：e1415.10.1371/journal.pone.0001415.

Hagenbucher S，Wackers F L，Wettstein F，et al.，2013. Pest trade-offs in technology：reduced damage by caterpillars in Bt cotton benefits aphids[J]. Proceedings of The Royal Society B：Biological Sciences，280（1758）：20130042.

Han P，Niu C Y，Desneux N，et al.，2014. Identification of top-down forces regulating cotton aphid population growth in transgenic Bt cotton in central China[J]. PLoS One，9（8）：e102980.

Hao Y T，2007. Serious snails in Guantao County in recent years [J]. China Plant Protection Guide，（11）：10.

Hendriksma H P，Küting M，Härtel S，et al.，2013. Effect of stacked insecticidal Cry proteins from maize pollen on nurse bees（*Apis mellifera carnica*）and their gut bacteria[J]. PLoS One，8：e59589.10.1371/journal.pone.0059589.

ISAAA，2019. Brief 54：Global Status of Commercialized Biotech/GM Crops[R].

ISO，2018. Soil Quality-effects of pollutants on juvenile land snails（Helicidae）—determination of the effects on growth by soil contamination：ISO 15952：2018[S]. Geneva：ISO.

Kramarz P E，de Vaufleury A，Carey M，2007. Studying the effect of exposure of the snail *Helix aspersa* to the purified *Bt* toxin，Cry1Ab[J]. Applied Soil Ecology，37（1-2）：169-172.

Kramarz P E，de Vaufleury A，Gimbert F，2009. Effects of Bt-maize material on the life cycle of the land snail Cantareus aspersus[J]. Applied Soil Ecology，42（3）：236-242.

Kumar R，Tian J C，Naranjo S E，et al.，2014. Effects of Bt cotton on *Thrips tabaci*（Thysanoptera：Thripidae）and its predator，*Orius insidiosus*（Hemiptera：Anthocoridae）[J]. Journal of Economic Entomology，107（3）：927-932.

Ladics G S，Bartholomaeus A，Bregitzer P，et al.，2015. Genetic basis and detection of unintended effects in genetically modified crop plants[J]. Transgenic Research，24：587-603.

Lu Y H，Wu K M，Jiang Y Y，et al.，2012. Widespread adoption of Bt cotton and insecticide decrease promotes biocontrol services[J]. Nature，487：362-365.

Mbitsemunda J P K，Karangwa A，2019. Analysis of factors influencing market participation of smallholder bean farmers in Nyanza district of southern province，Rwanda[J]. Journal of Agricultural Science，9（11）：99.

Mendelsohn M，Kough J，Vaituzis Z，et al.，2003. Are *Bt* crops safe？[J]. Nature Biotechnology，21：1003-1009.

Minnaar K，2014. Effects of Bt crop residues on the development，growth，and reproduction of the freshwater snail，*Bulinus tropicus*[J]. Environmental Toxicology & Chemistry，21（4）：828-833.

Salem H H，Bahy A A，Huang T H，et al.，2006. Molecular characterization of novel *Bacillus thuringiensis* isolate with molluscicidal activity against the intermediate host of schistosomes[J]. Biotechnology，5（4）：413-420.

Sanahuja G，Banakar R，Twyman R，et al.，2011. *Bacillus thuringiensis*：a century of research，development and commercial applications[J]. Plant Biotechnology Journal，9（3）：283-300.

Saxena D，Flores S，Stotzky G，2002. Bt toxin is released in root exudates from 12 transgenic corn hybrids representing three transformation events[J]. Soil Biology and Biochemistry，34：133-137.

Snow A A，Andow D A，Gepts P，et al.，2005. Genetically engineered organisms and the environment：Current status and recommendations[J]. Ecological Applications，15（2）：377-404.

Tapp H，Stotzky G，1998. Persistence of the insecticidal toxin from *Bacillus thuringiensis* subsp. *kurstaki* in soil[J]. Soil Biology and Biochemistry，30：471-476.

Wang A，Pattemore J，Ash G，et al，2013. Draft genome sequence of *Bacillus thuringiensis* strain DAR 81934，which exhibits molluscicidal activity[J]. Genome Announcements，1（2）：e00175-12.

Wolfenbarger L，Carrière Y，Owen M，2014. Environmental Effects[M]//Smyth S J，Phillips P W B，Castle D. Handbook on Agriculture，Biotechnology and Development. Cheltenham：Edward Elgar Publishing Ltd.

Zwahlen C，Hilbeck A，Gugerli P，et al.，2003. Degradation of the Cry1Ab protein within transgenic *Bacillus thuringiensis* corn tissue in the field[J]. Molecular Ecology，12（3）：765-775.

（方志翔 刘来盘 张莉 沈文静 刘标）

第3章　转基因玉米DBN9936对环纹小肥螋的影响

3.1　引言

玉米是一种非常重要的经济作物，虫害尤其是鳞翅目类虫害严重影响着玉米的丰收。为了应对这种危害，已研发多种转基因玉米。近年来，因为转基因玉米显著的经济收益和生态友好性，其得到越来越多种植者的青睐。但随着转基因玉米的种植范围不断扩大，关于转基因玉米的安全性出现了很多争论，特别是对非靶标动物的影响问题。

Bt 玉米是最早用于生产的一种转基因玉米，得名于需氧革兰氏阳性土壤细菌苏云金杆菌（*Bt*），是应对鳞翅目和鞘翅目昆虫的有效工具。1901 年，在对家蚕索托病的研究中，从死蚕幼虫中分离到该菌。*Bt* 菌在孢子形成过程中形成晶体包涵体，如晶体（Cry）和细胞分解毒素（Cyt），而晶体在昆虫中肠被摄入后溶解，被中肠蛋白酶蛋白水解激活，并与昆虫细胞膜上的特殊受体结合，从而诱导细胞分裂并导致昆虫死亡（Raymond et al.，2010；Srikanth et al.，2019）。Bt 蛋白的另一个重要特征是对人和动物无毒。所有这些优点使得 *Bt* 玉米在农业中占有重要地位。

研究表明，种植 *Bt* 作物的国家（如美国、印度和阿根廷）也发现了类似的结果（Frisvold et al.，2006；Qaim，2003；Qaim et al.，2003）。进一步的研究表明，*Bt* 玉米产生的效益不仅是短期的，而且是长期的（Smyth et al.，2015）。此外，减少农药的使用不仅提高了经济效益，而且有助于清洁环境和改善农民的健康状况（路子显，2013；Kouser et al.，2011；Abedullah et al.，2015）。

环纹小肥螋（*Euborellia annulipes*）分布广泛，在中国大部分地区均有发现。在棉田中，它是一种常见的天敌，可捕食棉铃虫、小地老虎、棉小造桥虫、鼎点金刚钻、斜纹夜蛾、红铃虫、短额负蝗、棉蚜等棉田害虫。同时它也是一种杂食性昆虫，在虫源不足的时候可以以植物秸秆为食。

本研究以转基因玉米 DBN9936 及其亲本 DBN318 为对象，分别加入人工饲料喂饲棉铃虫，对环纹小肥螋进行了短期（28 天）和长期（20 周）的喂饲试验，从存活率、体重、体长、繁殖情况以及体内 Bt 蛋白残留含量等方面对其进行了监测。

3.2　试验方法

3.2.1　实验动物

蠼螋采自南京市六合区棉田，采用杯诱法捕捉，挑选成熟个体，雌雄配对进行传代培养。蠼螋培养见图 3-1。

图 3-1　蠼螋培养

3.2.2　试验土壤

采用灭菌后的人工土壤进行饲养，单只幼虫以大玻璃试管饲养，土壤加至 1/3 处，水平放置，幼虫成熟、配对后放入宽大透明容器内饲养，土层厚度为 0.5～2 cm。每天光照比为 12∶12，光照度为 20～40 lx；如条件不具备，可以用黑纱遮蔽容器，营造弱光环境，以便观察蠼螋活动。土壤湿度以喷淋至中层土壤湿润为准。空气温度 25℃，湿度 50%～70%。人工土壤配方：按质量比 75%黄沙、20%高岭土、5%珍珠岩配制，新配制的土壤用水浸泡 24 h，之后滤去水分进行灭菌，灭菌后烘干备用。

3.2.3　人工饲料

玉米粉 100 g、草菇粉 100 g、牛肉膏 50 g、胰蛋白胨 50 g、酵母粉 50 g、磷酸氢钙 50 g、蔗糖 30 g、琼脂 15 g、维生素 C 6 g、复合维生素（烟酰胺 0.1 g、硫胺素 0.05 g、核黄素

0.1 g、吡哆素 0.05 g、钴胺素 0.01 g、叶酸 0.05 g、泛酸钙 0.05 g、生物素 0.05 g)、山梨酸 2 g、对羟基苯甲酸甲酯 2 g、40%浓度的甲醛 5 mL，加水至 1 000 mL。搅拌混匀后高压湿热灭菌，冷却凝固后置于冰箱备用。

3.2.4 棉铃虫

选用实验室留存棉铃虫卵孵化，喂饲含转基因玉米饲料，用于后续试验。

3.2.5 短期试验

选择 1 龄幼虫，统一选取体长、体重接近的个体，单独饲养，每组 3 次重复。处理 1（人工饲料组）：以人工饲料为基础，添加转基因玉米和亲本玉米研磨冻干粉末，饲喂蠼螋，将饲料置于小片滤纸上、放入饲养容器，每天定时更换饲料和滤纸。处理 2（棉铃虫组）：以人工饲料为基础，添加转基因玉米和亲本玉米研磨冻干粉末，饲喂棉铃虫初孵幼虫，24 h 后挑选健康幼虫喂饲蠼螋。所有试验持续 28 天。每天更换新的棉铃虫幼虫，并清理棉铃虫残体，7 天更换一次培养土，每 4 天测定一次蠼螋的体重、体长和存活情况。

3.2.6 长期试验

选择与母虫刚分开的 2 龄幼虫进行长期试验，雌雄配对，分别喂饲人工饲料和棉铃虫幼虫，每周统计一次存活率、体重、体长，直至产卵、孵化，统计产卵量和孵化率。

3.3 结果与分析

3.3.1 喂饲人工饲料的蠼螋的存活率、体重和体长

喂饲 DBN9936 和 DBN318 人工饲料组的蠼螋在 28 天试验中均未出现死亡情况。转基因组和亲本组蠼螋在 28 天试验中体重都缓缓增加，同一时间内的两组之间没有显著性差异。

图 3-2 显示的是喂饲添加 DBN9936 和 DBN318 玉米的人工饲料的蠼螋在 28 天内的体重变化情况。如图 3-2 所示，在饲养过程中，蠼螋的体重逐渐增大，随着幼虫的蜕皮，体重呈现阶梯形增长，在亲本组和转基因组之间，体重没有显著性差异。同样，如图 3-3 所示，蠼螋的体长随着时间逐渐增长，在亲本组和转基因组之间也没有呈现显著性差异。

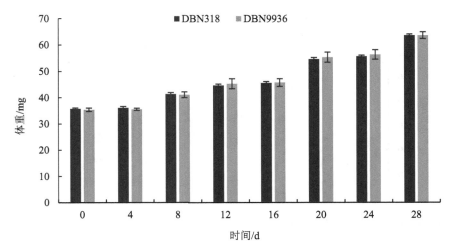

图 3-2　人工饲料组蝼蛄的体重

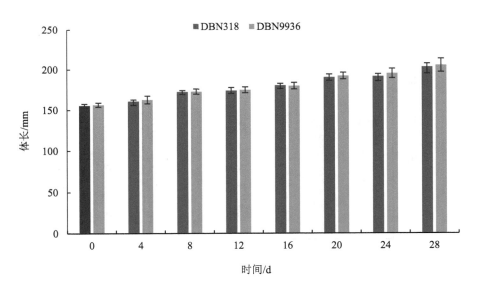

图 3-3　人工饲料组蝼蛄的体长

3.3.2　喂饲棉铃虫的蝼蛄的体重和体长

图 3-4 显示的是喂饲棉铃虫的蝼蛄在 28 天内的体重变化情况，喂饲棉铃虫的饲料为添加 DBN9936 和 DBN318 玉米的人工饲料。如图 3-4 所示，在饲养过程中，蝼蛄的体重逐渐增大，与人工饲料组蝼蛄趋势接近，呈阶梯形增长，在亲本组和转基因组之间，体重没有显著性差异。但在饲养的中后期，棉铃虫组蝼蛄的体重显著高于人工饲料组蝼蛄。同样，如图 3-5 所示，蝼蛄的体长随着时间逐渐增长，在亲本组和转基因组之间也没有呈现显著性差异。

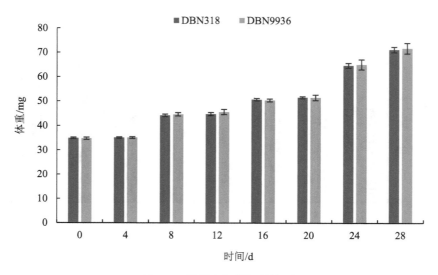

图 3-4　棉铃虫组蠼螋的体重

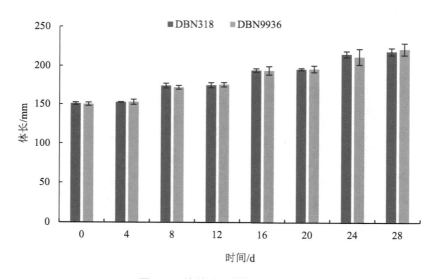

图 3-5　棉铃虫组蠼螋的体长

3.3.3　长期喂饲蠼螋的繁殖情况

不同处理组产卵量、产卵时间和孵化率的变化见表 3-1。棉铃虫组的蠼螋在产卵时间、产卵量以及孵化率方面都显著优于人工饲料组，表明棉铃虫的摄入对于蠼螋有一定的营养补充作用，但是转基因玉米组和亲本组之间并无显著性差异。结果表明无论是人工饲料组还是棉铃虫组，转基因玉米对蠼螋都不会造成不利影响。

表 3-1 不同处理组产卵量、产卵时间和孵化率

处理	品种	产卵量/个	产卵时间/d	孵化率/%
人工饲料组	DBN9936	24.6±2.8	311.7±31.7	72.5±8.9
	DBN318	21.3±4.2	308.6±32.8	76.1±10.2
棉铃虫组	DBN9936	31.6±5.8	273.5±31.8	91.6±15.8
	DBN318	28.2±3.5	287.6±21.6	88.0±10.6

3.4 讨论

本研究以革翅目昆虫环纹小肥螋作为非靶标动物来评价转基因玉米 DBN9936 的环境安全性。针对环纹小肥螋的食性，研发出了两套喂饲方法，分别为喂饲人工饲料和喂饲棉铃虫，经过 28 天和一年的室内饲养，环纹小肥螋没有出现死亡情况，且生长良好，可以进行繁殖。说明该种安全评价方法能有效地利用螋螋评价转基因作物的环境安全性。

由试验结果分析可知，直接喂饲添加转基因玉米粉末饲料的环纹小肥螋在体重、体长和存活率上与亲本对照均没有显著性差异；同时，喂饲取食转基因玉米的棉铃虫的环纹小肥螋也未显示出与亲本对照的显著不同。棉铃虫组生长和繁殖情况要显著优于人工饲料组。

参考文献

路子显，2013. 美国转基因大豆、棉花和玉米对农业可持续性影响的研究[J]. 世界农业，（2）：100-105.

Abedullah，Rashid A，Aslam S，et al.，2015. Economic valuation of Vitamin A and D deficiency in Pakistan[J]. Journal of University Medical & Dental College，6（4）：32-36.

Frisvold G B，Tronstad R，Reeves J M，2006. Bt cotton adoption in the United States and China：International trade and welfare effects[J]. Journal of Applied Ecology，13（2）：491-506.

Ibrahim M A，Griko N，Junker M，et al.，2010. *Bacillus thuringiensis*：a genomics and proteomics perspective[J]. Bioengineered Bugs，1（1）：31-50.

Kouser S，Qaim M，2011. Impact of Bt cotton on pesticide poisoning in smallholder agriculture：A panel data analysis[J]. Ecological Economics，70（11）：2105-2113.

Qaim M，2003. Bt cotton in India: Field trial results and economic projections[J]. World Development，31（12）：2115-2127.

Qaim M，Janvry A D，2003. Genetically modified crops，corporate pricing strategies，and farmers' adoption：The case of Bt cotton in Argentina[J]. American Journal of Agricultural Economics，85（4）：814-828.

Raymond B，Johnston P R，Wright D J，et al.，2010. A mid-gut microbiota is not required for the pathogenicity of *Bacillus thuringiensis* to diamondback moth larvae[J]. Environmental Microbiology，11（10）：2556-2563.

Srikanth P，Maxton A，Masih S A，2019. Bt cotton：A boon against insect resistance[J]. Journal of Pharmacognosy and Phytochemistry，8（2）：202-205.

Smyth S J，Kerr W A，Phillips P，2015. Global economic，environmental and health benefits from GM crop adoption[J]. Global Food Security，7：24-29.

（方志翔　张莉　刘来盘　沈文静　刘标）

第4章 转基因玉米DBN9936对赤子爱胜蚓长期多代影响的研究

4.1 引言

20世纪90年代以来，转基因作物的田间种植规模逐渐扩大，其中全球转基因玉米的种植面积在2019年超过6 090万 hm²，占全球转基因作物种植面积的31%（国际农业生物技术应用服务组织，2021）。抗虫转基因作物在一定程度上有效控制了靶标害虫、减少了农药使用；耐除草剂转基因作物有效控制了杂草，提高了生产效率（国际农业生物技术应用服务组织，2021）。转基因作物在带来收益的同时，也可能引起多种生态安全和环境问题，其中转基因作物对土壤生态系统影响的研究是生态风险评价的重要组成部分（Brich et al.，2007；Hannula et al.，2014）。蚯蚓是土壤中生物量最大的动物类群之一，其生物量占土壤动物总量的60%。蚯蚓促进有机质的分解、促进土壤养分的循环与释放、改善土壤的理化性状，在维持土壤生态系统功能中起着不可替代的作用。同时，蚯蚓处于食物链的底端，对毒物敏感、体型较大、分布广泛，被视为土壤区系的代表类群，被用于指示、监测土壤污染。目前最常用于土壤生态毒理试验的蚯蚓是生活在腐殖质中的赤子爱胜蚓（Li et al.，2019）。由于赤子爱胜蚓易于培养，对毒物响应较为稳定，其已成为转基因植物残体对蚯蚓影响研究的首选实验动物。

Schrader等（2008）在研究Bt玉米秸秆的降解过程时，发现蚯蚓能促进秸秆中Bt蛋白的降解且Bt蛋白对蚯蚓没有不利影响；Saxena等（2001）的研究表明添加了 *Bt* 玉米秸秆的土壤对蚯蚓死亡率和体重变化的影响与对照相比均无显著差异。但Shu等（2015）的研究表明不同浓度的Bt玉米秸秆还田过程中释放的Bt蛋白对赤子爱胜蚓相对生长率、幼蚓数量的影响均显著高于非Bt玉米。Li等（2019）研究了 *Bt* 水稻秸秆还田对赤子爱胜蚓的影响，发现较高还田量（7.5%和10%）的Bt水稻秸秆处理对赤子爱胜蚓存活率有抑制作用，对赤子爱胜蚓的相对生长率没有不利影响。上述研究主要基于早期研发的单抗虫性状转基因作物。统计表明现在绝大部分转基因作物是通过抗虫-耐除草剂复合性状进行商业化推广的，这些复合性状的转基因作物对土壤生物的影响还缺乏深入的研究

（焦悦等，2021）。

本试验通过模拟秸秆还田，在赤子爱胜蚓生活的土壤中添加5%的转基因玉米（DBN9936）及其亲本玉米秸秆，连续观察3代赤子爱胜蚓的生长、繁殖情况，研究赤子爱胜蚓总蛋白含量和解毒抗氧化还原酶的变化，以及外源蛋白在赤子爱胜蚓体内的残留，为复合性状转基因作物的商业化安全应用提供数据。

4.2 材料与方法

4.2.1 玉米秸秆和土壤

转 *cry1Ab* 和 *cp4-epsps* 抗虫耐除草剂玉米 DBN9936 及其亲本玉米 DBN318 由北京大北农生物技术有限公司研发。转基因玉米和受体玉米种植于吉林省四平市伊通满族自治县试验基地，种植于 2015 年 5 月，均按常规管理进行。10 月玉米籽粒收获后，将残留玉米秸秆自然晾干，粉碎后 4℃保存，同时分别取转基因玉米和受体玉米种植地土壤，自然晾干，研磨后过 1 mm 孔径筛。表 4-1 为转基因玉米和亲本玉米秸秆基本成分，两种玉米秸秆主要营养成分无显著差异。

表 4-1 玉米秸秆基本理化性质（干重）

处理	粗蛋白/（g/kg）	粗纤维/%	粗脂肪/%	*cry1Ab*/（μg/g）	*cp4-epsps*/（μg/g）
DBN9936	18.11±0.58	33.76±18.2	1.06±0.02a	1.17±0.13	44.8±7.34a
DBN318	16.82±0.12	32.39±0.19	1.2±0.03	ND	ND

注："ND"表示未检测。

4.2.2 实验动物

供试赤子爱胜蚓（太平2号）种群由本实验室长期养殖，选用 1 月龄以上、体重为 0.15～0.18 g 的健康赤子爱胜蚓作为试验材料。

4.2.3 试验设计

中国每公顷玉米地地上部秸秆风干重量为 6.5～10 t；按土壤耕作厚度 20 cm、土壤容重 1.15 g/cm³ 计算，每公顷土壤总重为 2 250 t，因此土壤生物赤子爱胜蚓接触转基因作物秸秆的最高剂量为 4.4 g/kg（干土）。本次试验中将赤子爱胜蚓暴露剂量定为 50 g/950 g（干土），超出赤子爱胜蚓在农田条件下对转基因玉米可能暴露剂量的 10 倍。

本试验设 3 种处理：①转基因玉米组；②受体玉米组；③发酵牛粪组。每个处理均设 4 个重复。按照 50 g/950 g（干土）配制凋落物，加入去离子水，使土壤含水量为 30%，搅拌均匀后按每瓶 750 g 基质（1 L 玻璃圆柱形敞口瓶）分装。

试验开始前，将赤子爱胜蚓在室温放置清肠 2 h 后，用无菌水洗涤，用滤纸干燥后分组，每组 4 个重复，按每组 10 条放入 1 L 圆敞口瓶中，以纱布封口，放置于（20±2）℃、湿度为 80%～85%的培养箱内，持续适量光照。每隔 14 天，观察每个处理赤子爱胜蚓的生存状态，记录蚓茧数量，称量赤子爱胜蚓体重。每次调查后，将 5 g 新秸秆或发酵牛粪添加入基质中，混匀充分，再将赤子爱胜蚓重新放入敞口瓶中，观察钻洞行为，继续试验，第一代暴露试验共持续 140 天。

将第一代赤子爱胜蚓在 70 天捡获的蚓茧放入装有基质的新 1 L 圆敞口瓶中，培养箱相同条件下培养 45 天后，统计新生赤子爱胜蚓数量，计算每蚓茧平均孵化幼蚓数，选择大小一致的新生赤子爱胜蚓放入新基质中，作为第二代赤子爱胜蚓，继续每隔 14 天测定蚓茧数量，称量赤子爱胜蚓体重。重复上述过程，研究持续暴露在转基因玉米秸秆中对不同世代赤子爱胜蚓的影响，试验共进行 3 代。

每代赤子爱胜蚓试验共计进行 140 天，每隔 14 天观察每个处理赤子爱胜蚓的生存状态，记录蚓茧数量，称量赤子爱胜蚓体重。每次调查后将 4 g 新叶片或发酵牛粪添加入基质中，混匀充分，再将赤子爱胜蚓重新放入敞口瓶中，观察钻洞行为，继续试验。

84 天调查时，将捡获的蚓茧随同基质放入玻璃培养皿（直径 9 cm），每皿 1 枚蚓茧，每重复设置 10 个蚓茧，放入培养箱中，每日观察孵化情况，直至 30 天。蚓茧孵化第 7 天，取出幼蚓，每重复取 3 条合并称重，–80℃保存，用于测定初孵幼蚓体内酶活性。

4.2.4　赤子爱胜蚓体内解毒抗氧化还原酶活性测定

选择试验开始前未暴露赤子爱胜蚓和每代蚓茧孵化后剩余幼蚓，每重复选择 3 条赤子爱胜蚓，一起称重后于–80℃保存，作为幼蚓样本；将每世代 140 天试验结束后存活的赤子爱胜蚓每重复选择 3 条赤子爱胜蚓，一起称重后于–80℃保存，作为成蚓样本。赤子爱胜蚓低温研磨，加样品提取液，旋转混匀，离心 3 min，取样稀释后待测。赤子爱胜蚓总蛋白含量、乙酰胆碱酯酶（AchE）、谷胱甘肽-S-转移酶（GST）和超氧化物歧化酶（SOD）活性使用 Sigma 公司相关试剂盒测定。

4.2.5　外源 Cry1Ac 蛋白在试验基质和赤子爱胜蚓肠道内含量的测定

分别在每代试验开始和 140 天时采集叶片土壤混合基质，前处理方法参照，采用 ELISA 法测定上述样本中外源蛋白 Cry1Ac 含量（Envirologix，Cry1Ab/c AP003）。

4.2.6　转基因玉米种植对田间蚯蚓种类和数量的调查

2015 年和 2017 年，在吉林伊通种植转基因玉米，设置转基因玉米、亲本玉米、当地主栽品种 3 种处理，每处理 4 个重复小区，每个小区面积为 150 m²（10 m×15 m），玉米按条播的方式进行播种，行距 60 cm，株距 25 cm，种植时间为 5—10 月。在 8 月初调查各小区蚯蚓数量，各小区随机按照对角线选取 5 个调查点，每个调查点面积均为 50 cm×50 cm，调查土层厚度 20 cm，利用手检法调查该区域所有可见蚯蚓的种类和数量。

4.3 结果与分析

4.3.1 转基因玉米秸秆对赤子爱胜蚓存活和生长情况的影响

在研究转基因玉米初次暴露对赤子爱胜蚓的影响时（第一代），设置了含有 30 mg/kg 氯乙酰氨的发酵牛粪组。在 14 天调查时发现该处理组 4 个重复共计 40 条赤子爱胜蚓仅存活 7 条，这说明试验体系能够对微量的毒物响应，同时也表明试验所用赤子爱胜蚓对低毒物质氯乙酰氨敏感，适合作为本研究评价的实验动物。不同处理组赤子爱胜蚓存活率见表 4-2。

表 4-2　不同处理组赤子爱胜蚓存活率　　　　　　　　　　　　　单位：%

处理	世代		
	第一代	第二代	第三代
发酵牛粪	85.00±10.54	77.50±4.08	85.00±4.71
DBN9936	82.50±7.82	85.00±4.71	77.50±7.82
DBN318	80.00±6.67	77.50±13.94	82.50±10.27

注：表中数据为平均值±标准差。同行数据后不同小写字母表示差异显著（$P<0.05$，Duncan 复极差检验）。同列数据后不同大写字母表示差异显著（$P<0.05$，Duncan 复极差检验）。

140 天、3 个连续世代持续暴露下，各处理组各阶段均出现赤子爱胜蚓死亡情况，但平均存活率基本保持在 80%，调查过程中所有处理组中赤子爱胜蚓的体征和行为表现正常（无瘦弱、对机械刺激反应敏感），钻洞行为也未发现异常。各世代赤子爱胜蚓死亡率在不同处理组间无显著性差异，各处理组内不同世代死亡率也无显著性差异。

在持续暴露转基因玉米秸秆环境中，不同处理组 3 个世代赤子爱胜蚓均能够正常生长。在刚开始生长时，由于第二代、第三代赤子爱胜蚓的月龄小于第一代赤子爱胜蚓，在第 14 天时相对生长速率（relative growth rate，RGB）要大于第一代赤子爱胜蚓，这表明月龄越小，生长代谢活动越旺盛。本研究中 3 代赤子爱胜蚓在第二代和第三代选取体重为 0.1～0.15 g 的幼蚓，并以 14 天为一个调查周期，能够更加精细地观察转基因玉米秸秆对幼蚓的影响。

在 3 代赤子爱胜蚓共计 30 个调查期中，转基因组和亲本组在 29 个调查期无显著性差异（$P>0.05$），仅在第三代 70 天时，亲本组 RGB 高于转基因组。发酵牛粪组 3 代赤子爱胜蚓（特别在生长前期）的 RGB 高于两个玉米处理组，在第一代 42 天、第二代 42 天、第三代 56 天这 3 个调查期均显著高于转基因组和亲本组。

4.3.2 转基因玉米秸秆对赤子爱胜蚓繁殖情况的影响

每隔 14 天，在调查赤子爱胜蚓体重的同时，调查繁殖产生的蚓茧数。在 3 个世代中，第一代赤子爱胜蚓在 28 天时，3 个处理组均已繁殖，在秸秆土壤混合基质中发现蚓茧，而第二代、第三代赤子爱胜蚓在 42 天时 3 个处理组开始繁殖，这是因为第二代和第三代选取体重为 0.1～0.15 g 的幼蚓，月龄小于第一代赤子爱胜蚓。在 3 代赤子爱胜蚓共计 30 个调查期中，转基因组和亲本组在各调查期蚓茧数产量趋势一致，在绝大部分时期数值接近且均无显著性差异，在 28 个调查期无显著性差异（$P>0.05$），仅在第一代 70 天和第二代 112 天，亲本组与转基因组有显著差异，第一代 70 天转基因组显著高于亲本组，而第二代 112 天亲本组显著高于转基因组，推测是赤子爱胜蚓繁殖的生理波动。

和生长情况一致，发酵牛粪组在 3 代赤子爱胜蚓各代 140 天蚓茧数（见表 4-3）高于两个玉米处理组。第一代整个试验期各处理蚓茧数中，发酵牛粪组为（131.49±7.36）个，转基因组为（113.33±9.63）个，亲本组为（123.33±5.27）个，转基因组和亲本组无显著性差异（$P>0.05$）。在 3 个世代大部分调查期，发酵牛粪组蚓茧产量均高于两个玉米组，在第一代 56 天、第二代 70 天这两个调查期均显著高于转基因组和亲本组。发酵牛粪的营养价值应该高于秸秆，在堆肥过程中的高温使其进一步熟化，微生物的作用将纤维素等不好利用的有机质转化为腐殖质。可认为营养的差异可能是发酵牛粪组中赤子爱胜蚓的生长、繁殖情况均高于玉米组的原因。

表 4-3　不同处理组赤子爱胜蚓蚓茧数　　　　　　　　　　　　　　　　　　单位：个

处理	世代		
	第一代	第二代	第三代
DBN9936	113.33±9.63	118.96±15.27	129.74±5.68
DBN318	123.33±5.27	120.34±1.75	119.07±7.66
发酵牛粪	131.49±7.36	149.25±14.23	140.56±8.98

注：表中数据为平均值±标准差。同行数据后不同小写字母表示差异显著（$P<0.05$，Duncan 复极差检验）。同列数据后不同大写字母表示差异显著（$P<0.05$，Duncan 复极差检验）。

由于蚓茧孵化周期较长，每隔 14 天将蚓茧移除试验体系，因此在 3 代 140 天试验中，未在混合基质中捡获到新生幼蚓。在试验过程中，在蚓茧大量繁殖期（56 天）、旺盛期（84 天）和研究结束（140 天），将蚓茧捡取后放入新的相同基质中，45 天后统计新生幼蚓的数量。

　　虽然本试验体系不能最终确定每一个蚓茧的孵化情况，部分蚓茧不能孵化，但通过统计大量放入蚓茧（平均为 33.24 个）的体系中总成活幼蚓的数量，可以推算平均每茧新生幼蚓的数量，从而揭示转基因玉米秸秆对赤子爱胜蚓整个繁殖过程的影响，而不仅仅是统计蚓茧数和体系中的新生幼蚓数。有报道表明在饲养条件稳定的情况下，蚓茧中平均卵数是大致不变的，虽然还没有研究说明蚓茧中卵数在不利条件下是否会发生变化，但在本研究设置每蚓茧平均孵化幼蚓数，能够大致反映蚓茧孵化情况和幼蚓数量这一指标。

　　无论是在繁殖初期，还是在繁殖旺盛期，每蚓茧平均孵化幼蚓数在各处理组不同世代间均无显著性差异（见表 4-4）。同一世代内，转基因组和亲本组在 3 个繁殖调查期的每蚓茧平均孵化幼蚓数也无显著性差异。与生长、繁殖结果不同的是，发酵牛粪组每蚓茧平均孵化幼蚓数在各世代 3 个繁殖调查期均未与两个玉米处理组有显著性差异。这说明蚓茧中平均卵数和每蚓茧平均孵化幼蚓数可能是更内在的指标。有报道显示相比生长指标，中华蟾蜍的胚胎对毒性物质反应更加灵敏。

表 4-4　不同处理组每蚓茧平均孵化幼蚓数

时间/d	处理	世代		
		第一代	第二代	第三代
56	DBN9936	1.33±0.63aA	1.16±0.28aA	1.41±0.21aA
	DBN318	1.14±0.27aA	1.84±0.54aA	1.34±0.61aA
	发酵牛粪	1.18±0.47aA	1.27±0.34aA	1.47±0.20aA
84	DBN9936	1.83±0.41aA	1.52±0.36aA	1.52±0.31aA
	DBN318	1.44±0.21aA	1.74±0.30aA	1.17±0.14aA
	发酵牛粪	1.20±0.14aA	1.40±0.39aA	1.72±0.11aA
140	DBN9936	1.24±0.25aA	1.50±0.28aA	1.22±0.24aA
	DBN318	1.69±0.21aA	2.04±0.54aA	1.67±0.19aA
	发酵牛粪	1.31±0.40aA	1.27±0.34aA	1.34±0.08aA

注：表中数据为平均值±标准差。同行数据后不同小写字母表示差异显著（$P<0.05$，Duncan 复极差检验）。同列数据后不同大写字母表示差异显著（$P<0.05$，Duncan 复极差检验）。

4.3.3　转基因玉米秸秆对赤子爱胜蚓体内生化酶活性的影响

　　赤子爱胜蚓低温研磨，加样品提取液，旋转混匀，离心 3 min，取样稀释后待测。赤子爱胜蚓总蛋白含量、乙酰胆碱酯酶（AchE）、谷胱甘肽-S-转移酶（GST）和超氧化物歧化酶（SOD）活性使用 Sigma 公司相关试剂盒测定。

　　超氧化物歧化酶（SOD）、过氧化氢酶（CAT）、谷胱甘肽转移酶（GSTs）属于抗氧化防御系统酶。生物体的抗氧化酶对污染物的胁迫非常敏感，其活性变化可为污染物胁迫下的机体氧化应激提供敏感信息。乙酰胆碱酯酶（AchE）的活性是敏感的农药毒理学指标，已经被广泛应用于农药的毒性和环境污染评价。

140 天成蚓体内 SOD 酶活性在第一代、第二代各处理组间无显著差异（见图 4-1）。但在第二代时，转基因组 SOD 酶活性显著低于发酵牛粪组和亲本玉米组（$P<0.05$）。SOD 是消除细胞内生物氧化时产生的超氧阴离子自由基的金属酶类，是生物体内重要的氧自由基消除剂。SOD 酶活性的激活可以更好地抵御氧化损伤，一旦生物体内超氧阴离子自由基过量，则会抑制 SOD 酶活性。在第二代赤子爱胜蚓 140 天时 SOD 酶活性相对其他两个处理组降低，这是否是体内超氧阴离子自由基过量引起的，还要进一步分析。

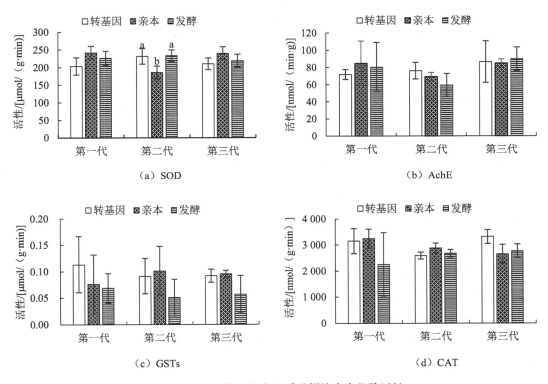

图 4-1　不同处理组赤子爱胜蚓体内生化酶活性

本研究中 4 种生化酶中，AchE 和 CAT 的活性虽然在不同世代中有一定的变化，但是均无显著性差异。3 个世代中发酵牛粪组 GSTs 平均值均低于转基因组和亲本组，但是由于数据波动性大，无显著性差异。

4.3.4　外源蛋白 Cry1Ac 和 CP4-EPSPS 在赤子爱胜蚓体内的残留

在连续 3 代测定转基因组中外源蛋白 Cry1Ac 和 CP4-EPSPS 在赤子爱胜蚓体内残留的含量（结果见表 4-5）。每代 140 天试验结束后，赤子爱胜蚓全组织匀浆液中均未检测到外源蛋白的存在，可以认为长时间多代暴露在高含量转基因玉米秸秆的环境中，外源蛋白 Cry1Ac 和 CP4-EPSPS 不会在赤子爱胜蚓体内蓄积。

表 4-5　不同处理组样品外源蛋白含量　　　　　　　　　单位：ng/g（湿重）

样本类型	世代	Cry1Ac	CP4-EPSPS
赤子爱胜蚓	第一代	ND	ND
	第二代	ND	ND
	第三代	ND	ND
赤子爱胜蚓粪便	第一代	5.69±1.66a	16.26±1.76a
	第二代	5.92±0.62a	26.08±5.04a
	第三代	6.14±1.79a	17.34±3.31a
秸秆土壤混合物	第一代	40.62±5.23 b	69.74±24.68 b
	第二代	38.2±11.20 b	84.65±12.81 b
	第三代	31.31±12.72 b	76.20±21.45 b

注：表中数据为平均值±标准差。同列数据后不同小写字母表示差异显著（$P<0.05$，Duncan 复极差检验）。ND 表示未检测。

4.3.5　转基因玉米种植对土壤土著蚯蚓种类和数量的影响

2015 年和 2017 年，分别调查转基因玉米种植对土壤土著蚯蚓种类和数量的影响（结果见表 4-6）。两年的调查中共发现 3 种蚯蚓，分别是 *Eisenia rosea*、*Drawida gisti* 和 *Aporrectodea trapezoides*，两年调查中 *Eisenia rosea* 的数量均占蚯蚓总数的 70%以上，为本研究中的优势种。*Aporrectodea trapezoides* 仅在 2015 年转基因玉米组中偶见。相同年份中，转基因玉米组蚯蚓总数量、*Eisenia rosea* 数量和 *Drawida gisti* 数量与亲本玉米组相比均无显著差异，说明转基因玉米的种植未对土壤中蚯蚓的数量和种类组成产生影响。转基因玉米组中年际间蚯蚓数量无显著变化，而亲本玉米组种植土壤中 2017 年蚯蚓数量显著低于 2015 年。

表 4-6　2015 年和 2017 年土壤土著蚯蚓种类和数量调查

调查年份	处理	*Eisenia rosea*	*Drawida gisti*	总数
2015	转基因	20.25±3.08a	6.75±1.81a	27.25±4.13a
	亲本	22.5±1.94a	7.5±3.68a	30±2.75ab
2017	转基因	16.5±4.14a	7.75±2.69a	24.24±2.53 b
	亲本	17±2.31 b	5.75±1.39a	23.25±1.03 b

注：表中数据为平均值±标准差。同列数据后不同小写字母表示差异显著（$P<0.05$，Duncan 复极差检验）。

4.4　讨论

4.4.1　秸秆还田对蚯蚓的长期影响

在中国，秸秆还田是玉米秸秆的主要利用方式，部分地方政府提出了秸秆还田率目标（Wang et al.，2021）。适量的秸秆还田有助于提高土壤质量，研究表明土壤动物和土壤微生物能够加快土壤秸秆的分解、促进土壤养分的转化，因此研究转基因玉米对蚯蚓的影响还能反映秸秆还田对土壤理化和养分循环的影响（Zhou et al.，2008）。

秸秆还田作为外源蛋白进入土壤的一种主要途径，已被广泛用于试验探究。转基因作物释放的外源蛋白可以通过根系分泌、残茬分解或秸秆还田、花粉飘落和取食转基因玉米的动物排泄物进入土壤中（Clark et al.，2006）。Zwahlen 等（2003）的研究表明，从 *Bt* 玉米根部释放的和通过植株残体进入土壤的毒蛋白在 180 天后仍具有杀虫活性。这意味着生活在土壤生态系统中，以土壤腐殖质、植株残体为食的动物（包括蚯蚓）可直接接触到外源蛋白。50%降解时间是反映 Bt 蛋白特性的一个关键指标。不同时间不同区域的研究表明，Bt 作物中 Cry1Ab/Cry1Ac 蛋白 50%降解时间有一定差异，最低 10 天，最高 68 天。140 天时秸秆土壤混合物中外源蛋白均降解了 80%以上。本试验秸秆土壤中的赤子爱胜蚓成蚓和幼蚓中未检测出 Cry1Ab 蛋白，可能是因为清肠并清洗中肠内容物使得外源秸秆成分减少，这也说明长时间多代连续饲喂转基因玉米秸秆时，外源蛋白未在蚯蚓组织中残留蓄积。

转基因作物对蚯蚓的影响研究中所用的生态指标主要包括蚯蚓的存活、生长、繁殖情况和体内酶活性。大部分研究表明，*Bt* 作物对蚯蚓的存活没有显著影响。Shu 等（2015）通过室内模拟秸秆还田，利用两种 *Bt* 玉米秸秆和一种同源非 Bt 秸秆喂养赤子爱胜蚓，研究发现 *Bt* 玉米秸秆对赤子爱胜蚓的存活率没有显著影响。Vercesi 等（2006）通过室内试验发现，*Bt* 玉米叶片和根系分泌物的 Cry1Ab 蛋白对 *Aporrectodeaca liginosa* 的存活无显著影响。Ahmad 等（2006）通过室外 *Bt* 玉米秸秆还田和室内盆栽种植试验，发现 *Bt* 玉米对 *Lumbricus terrestris* 的存活没有影响。Clark 等（2006）将 *Bt* 玉米叶片粉末加入马粪和土壤混合物中饲养赤子爱胜蚓，研究表明 *Bt* 玉米对赤子爱胜蚓的存活无有害影响。本试验表明复合性状转基因玉米秸秆对蚯蚓的相对生长速率没有不利影响，在某些取样时间反而有一定的促进作用，这一结果与以往众多研究结果一致。Vercesi 等（2006）的试验表明，*Bt* 玉米对 *Aporrectodeaca liginosa* 的生长发育无显著影响。Shu 等（2015）的研究表明，*Bt* 玉米秸秆还田时赤子爱胜蚓的相对生长速率显著高于常规玉米。Clark 等（2006）的试验研究表明，Bt 玉米对赤子爱胜蚓生长速率有一定的促进作用。有研究发现，赤子爱胜蚓长时间多代暴露在转 *Bt* 基因玉米秸秆中时，各世代受到的影响不同且变化巨大，第一代为不利影响，第二代无影响，第三代变为有利影响（Shu et al.，2015）。

当蚯蚓受到外界环境中有害物质胁迫时，其体内的保护酶会被激活、提高酶活性，所以通过测定蚯蚓的保护酶活性，可以评估外源物质对蚯蚓的影响。在生物体细胞中 3 种保护酶相互关联，SOD 是消除细胞内生物氧化时产生的超氧阴离子自由基的金属酶类，是生物体内重要的氧自由基消除剂。SOD 酶活性的激活可以更好地抵御氧化损伤，一旦生物体内超氧阴离子自由基过量，会抑制 SOD 酶活性。另外，SOD 酶活性的增加会导致 H_2O_2 含量的增加，因此 SOD 酶活性被激活后，伴随着去除 H_2O_2 的酶活性也会升高。

4.4.2 实际种植对蚯蚓种群和数量的影响

已有的研究表明蚯蚓数量与耕作方式、作物类型、采样时间有关。Zeilinger 等（2010）在 0.16 hm^2 土地上连续 4 年种植两种转 *Bt* 基因玉米（*cry1ab* 和 *cry3bb*），所有玉米收获后均秸秆还田。调查数据显示，无论是幼年蚯蚓还是成年蚯蚓，在 Bt 玉米区和非 Bt 玉米区的生物量均无显著性差异，因此可以认为转 *Bt* 基因玉米对蚯蚓的影响很小。Van der Merwe 等（2012）报道转基因玉米对蚯蚓的繁殖无显著影响，但成蚓体重显著降低。Li 等（2019）报道从幼蚓阶段就饲喂转 *Bt* 基因水稻秸秆对赤子爱胜蚓生长、繁殖无影响，幼蚓的性成熟期缩短；但发育成熟的赤子爱胜蚓再暴露在转 *Bt* 基因水稻秸秆中对其体重和产茧量均有不利影响。Zwahlen 等（2003）发现在大田环境下，取食 Bt 玉米秸秆的 *Lumbricus terrestris* 的生长模式与未取食的相似。Liu 等（2009）用 Bt 棉花叶片粉末饲养赤子爱胜蚓，结果表明 Bt 棉花饲养的赤子爱胜蚓体重与常规棉花处理间没有显著差异。本研究调查转 *Bt* 和 *cp4-epsps* 复合性状转基因玉米的种植对土著蚯蚓数量的影响，虽然限于中国转基因生物安全法规的要求，试验地秸秆未还田，仅是通过根系分泌物和少量进入土壤的植物残体对土著蚯蚓施加影响，结果表明转基因玉米的种植未对蚯蚓数量产生影响。同时本研究中无论是转基因玉米田块，还是亲本玉米田块，均未使用农药和除草剂，唯一的影响因素为外源蛋白及其转基因事件所带来的非预期效应。在实际生产应用中，Bt 蛋白带来的农药使用量减少和 *cp4-epsps* 带来的除草剂大量使用的叠加效应对农田土著蚯蚓的影响还有待深入研究。

4.4.3 复合性状转基因玉米对蚯蚓的影响

转基因玉米的培育由单基因性状向多基因复合性状的方向发展，复合性状综合了抗虫、抗除草剂、抗病、抗逆、表达特殊蛋白等众多基因（国际农业生物技术应用服务组织，2021）。绝大部分转基因玉米是通过抗虫-耐除草剂复合性状进行商业化推广的；将两个已获得审批的转基因植物经杂交育种，使多性状得以累加是大多数复合性状转基因作物的来源方式（Jacobsen et al.，2013）。复合性状转基因作物中包含的多个基因间可能有关联、非关联、代谢等相互作用，也可能引起协同效应（Steiner et al.，2013），相比单一性状转基因作物，可能会有不同的安全评价结果（Bartholomaeus et al.，2013）。

单一性状转基因作物对蚯蚓的影响已经有许多报道，大部分报道显示无论是以 Bt 蛋白还是以转基因作物秸秆饲喂蚯蚓，对成蚯蚓生长、繁殖均无显著不利影响（Clark et al.，2006；Schrader et al.，2008；刘凯等，2015）。Zeilinger 等（2010）调查了长期种植转基因玉米的美国西部农田中的蚯蚓种群，发现蚯蚓种类、密度和年龄结构并未受到不利影响。本研究以转基因玉米 DBN9936 为材料，研究了目前生产上抗虫性状和耐除草剂性状复合的转基因玉米对土壤动物赤子爱胜蚓的影响，未发现转基因秸秆环境对赤子爱胜蚓的生存和日常行为有影响。转基因组和亲本组的体重相对生长速率仅在第三代第 70 天测定时有差异，其他 3 代共计 29 次调查中均未有显著差异。

转基因作物对蚯蚓的影响研究多集中于实验室内秸秆还田试验，对于转基因作物使用导致除草剂、抗虫农药等农艺措施的改变对田间蚯蚓种群的影响还未有定论。特别是在复合性状成为转基因作物发展的主趋势后，各种性状带来农艺措施的叠加效应可能是影响农田生态中包括蚯蚓在内的土壤动物的最主要因素。

4.5　结论

本试验通过模拟秸秆还田，在赤子爱胜蚓生活的土壤中添加 5% 转基因玉米（DBN9936）及其亲本玉米秸秆，连续观察 3 代赤子爱胜蚓的生长、繁殖情况，研究赤子爱胜蚓总蛋白含量和解毒抗氧化还原酶变化，相较于亲本玉米，未发现转基因玉米 DBN9936 对赤子爱胜蚓有不利影响。

参考文献

丁帅，方志翔，刘标，等，2012. 转野生荠菜凝集素基因棉花对赤子爱胜蚓的影响[J]. 生态与农村环境学报，28（4）：389-393.

国际农业生物技术应用服务组织，2021. 2019 年全球生物技术/转基因作物商业化发展态势[J]. 中国生物工程杂志，41（1）：114-119.

焦悦，韩宇，杨桥，等，2021. 全球转基因玉米商业化发展态势概述及启示[J]. 生物技术通报，37（4）：13.

刘凯，杨亚军，田俊策，等，2015. 种植 Bt 水稻后的土壤对赤子爱胜蚓生长发育及酶活性的影响[J]. 生物安全学报，24（3）：225-231.

Ahmad A，Wilde G E，Zhu K Y，2006. Evaluation of effects of Coleopteran-specific Cry3Bb1 protein on earthworms exposed to soil containing maize roots or biomass[J]. Environmental Entomology，35（4）：976-985.

Bartholomaeus A，Parrott W，Bondy G，et al.，2013. The use of whole food animal studies in the safety assessment of genetically modified crops：limitations and recommendations[J]. Critical Reviews in

Toxicology，43（2）：1-24.

Birch A N E，Griffiths B S，Caul S，et al.，2007. The role of laboratory，glasshouse and field scale experiments in understanding the interactions between genetically modified crops and soil ecosystems：a review of the ECOGEN project[J]. Pedobiologia，51（3）：251-260.

Clark B W，Coats J R，2006. Subacute effects of Cry1Ab Bt corn litter on the earthworm *Eisenia fetida* and the springtail *Folsomia candida*[J]. Environmental Entomology，35（4）：1121-1129.

Hannula S E，De Boer W，Van Veen J A，2014. Do genetic modifications in crops affect soil fungi？A review[J]. Biology and Fertility of Soils，50（3）：433-446.

Jacobsen S E，Sørensen M，Pedersen S M，et al.，2013. Feeding the world：genetically modified crops versus agricultural biodiversity[J]. Agronomy for Sustainable Development，33（4）：651-662.

Lee Z L，Bu N S，Cui J，et al.，2017. Effects of long-term cultivation of transgenic Bt rice（Kefeng-6）on soil microbial functioning and C cycling[J]. Scientific Reports，7（1）：46-47.

Li J F，Shu Y H，Wang F，et al.，2019. Effects of Cry1Ab-expressing Bt rice straw return on juvenile and adult *Eisenia fetida*[J]. Ecotoxicology and Environmental Safety，169（3）：881-893.

Liu B，Wang L，Zeng Q，et al.，2009. Assessing effects of transgenic Cry1Ac cotton on the earthworm *Eisenia foetida*[J]. Soil Biology & Biochemistry，41（9）：1841-1846.

Ricketts H J，Morgan A J，Spurgeon D J，et al.，2004. Measurement of annetocin gene expression：a new reproductive biomarker in earthworm ecotoxicology[J]. Ecotoxicology and Environmental Safety，57（1）：4-10.

Saxena D，Stotzky G，2001. *Bacillus thuringiensis*（Bt） toxin released from root exudates and biomass of Bt corn has no apparent effect on earthworms，nematodes，protozoa，bacteria，and fungi in soil[J]. Soil Biology and Biochemistry，33（9）：1225-1230.

Schrader S，Münchenberg T，Baumgarte S，et al.，2008. Earthworms of different functional groups affect the fate of the Bt-toxin Cry1Ab from transgenic maize in soil[J]. European Journal of Soil Biology，44（3）：283-289.

Shu Y H，Zhang Y Y，Cheng M M，et al.，2015. Multilevel assessment of Cry1Ab Bt-maize straw return affecting the earthworm *Eisenia fetida*[J]. Chemosphere，137：59-69.

Snell C，Bernheim A，Berge J B，et al.，2012. Assessment of the health impact of GM plant diets in long-term and multigenerational animal feeding trials：a literature review[J]. Food and Chemical Toxicology，50（3）：1134-1148.

Steiner H Y，Halpin C，Jez J M，et al.，2013. Editor's choice：Evaluating the potential for adverse interactions within genetically engineered breeding stacks[J]. Plant Physiology，161（4）：1587-1594.

Thakuria D，Schmidt O，Finan D，et al.，2009. Gut wall bacteria of earthworms：a natural selection process[J]. ISME Journal，4（3）：357-366.

Van der Merwe F，Bezuidenhout C，Van den Berg J，et al.，2012. Effects of Cry1Ab transgenic maize on lifecycle and biomarker responses of the earthworm，*Eisenia Andrei*[J]. Sensors，（12）：17155-17167.

Vercesi M L，Krogh P H，Holmstrup M，2006. Can *Bacillus thuringiensis*（*Bt*）corn residues and *Bt*-corn plants affect life-history traits in the earthworm *Aporrectodea caliginosa*？[J]. Applied Soil Ecology，32（2）：

180-187.

Wang Y L，Wu P N，Mei F J，2021. Does continuous straw returning keep China farmland soil organic carbon continued increase? A meta-analysis[J]. Journal of Environmental Management,（288）：112391.

Zeilinger A R，Andow D A，Zwahlen C，et al.，2010. Earthworm populations in a northern U. S. Cornbelt soil are not affected by long-term cultivation of Bt maize expressing Cry1Ab and Cry3Bb1 proteins[J]. Soil Biology Biochemistry，42（8）：1284-1292.

Zhou S P，Duan C Q，Wang X H，et al.，2008. Assessing cypermethrin-contaminated soil with three different earthworm test methods[J]. Journal of Environmental Sciences，20（11）：1381-1385.

Zhu X Z，Zhang J T，Ma K P，2011. Soil biota reduce allelopathic effects of the invasive，*Eupatorium adenophorum*[J]. PLoS One，6：e25393.

Zwahlen C，Hilbeck A，Howald R，et al.，2003. Effects of transgenic Bt maize litter on the earthworm *Lumbricus terrestris*[J]. Molecular Ecology，（12）：1077-1086.

（沈文静　张莉　刘来盘　方志翔　刘标）

第 5 章　转基因玉米种植对土壤动物的影响

5.1　引言

自 1995 年抗虫抗除草剂玉米在美国获得商业化许可后，转基因玉米的推广应用十分迅速。国际农业生物技术应用服务组织（ISAAA）统计数据表明，1996—2016 年，全球转基因玉米累计种植面积达 6 亿 hm²。在转基因玉米种植面积较大的国家中，美国排名第一，2016 年达到 3 500 万 hm²，占美国玉米种植总面积的 92%；巴西为 1 570 万 hm²、阿根廷为 470 万 hm²、加拿大为 150 万 hm²。已登记的玉米转基因事件达 231 个，其中不包括中国的绝大多数转基因事件（黎裕等，2018）。

在玉米上得到应用的遗传转化技术方法及其改进类型多种多样，各自具有优点和缺点。最早成功的转基因玉米报道为 1988 年的原生质体转化，最早培育出可育转基因玉米的遗传转化方法是基因枪转化。通过条件优化，并且多用幼胚和悬浮细胞作受体，获得了 MON810、GA21、NK603 等转化体。农杆菌可介导的玉米遗传转化技术报道相对较晚，直到日本烟草公司发表基于农杆菌介导的幼胚转化方法及其标准程序后，该技术在业界的应用越来越广泛，且还得到不断的优化与完善，使转化效率得到进一步提高（黎裕等，2018）。

我国玉米产量和种植面积均已超过水稻，玉米成为第一大作物（吴孔明等，2014），其重要程度可见一斑。目前，我国已有一批拥有自主知识产权的转基因玉米材料，大北农公司的 DBN9936 就是其中之一。

土壤动物作为土壤生物不可缺少的组成部分，主要包括线形动物、环节动物、节肢动物、原生动物、脊椎动物等，具有种类多、数量大、移动范围小和对环境变化敏感等特点，是土壤生态系统中比较活跃的因子之一，其多样性很容易受土壤动物的影响，因此可以作为指示土壤生物环境状况的一个重要指标。

本研究以转基因玉米 DBN9936 与罗单 566 培育品种罗单 566-DBN9936 为主要研究对象，研究其在云南试点种植区对土壤动物的影响。

5.2　试验方法

5.2.1　种植品种

试验处理及代号见表 5-1。

表 5-1　试验处理及代号

试验处理	代号
罗单 566 常规除草剂	J-LD
罗单 566 常规除草剂+抗虫处理	J-LD-P
罗单 566-DBN9936 草甘膦除草剂	J-9936-LD
中玉 335 常规除草剂	J-ZY
中玉 335 常规除草剂+抗虫处理	J-ZY-P

5.2.2　土壤动物鉴定

在玉米种植的各个不同时期（苗期、开花期、吐丝期、成熟期、收获后），在各处理种植区域 3 个重复中，每重复随机取 3 点，取样范围为作物根系周边土壤。每点取样时除去表层浮土和凋落物，按照 0.5 m×0.5 m 面积（由种植间距确定），用铲子将土壤挖出，注意不要伤害植株根系，挖出土层厚度不小于 30 cm。将土块敲碎，手捡肉眼可见的土壤动物，放入装有 75%乙醇的 50 mL 离心管中，带回实验室进行鉴定。之后取挖出的土壤约 1 kg 至自封袋中，用于土壤中小型动物分离鉴定试验。

土壤大中型动物带回实验室进行分类鉴定。土壤中小型动物的鉴定采用 Tullgren 土壤动物分离漏斗法：将土壤样品放在漏斗可移动的上半部分。灯的热度和光线为土壤样品创造一个大约 14℃的温度梯度。从而刺激节肢动物和类似的生物体向下运动，穿过薄网到达漏斗底部装有乙醇的收集管中。灯光的强度可以调节，使土壤的温度逐渐上升，从而防止这些慢速运动的生物在干硬的土壤块中被困住。

将收集在酒精中的土壤动物标本置于显微镜下进行鉴定［参照《中国土壤动物检索图鉴》（尹文英等，1998 年）］，之后对各样品中土壤动物的多样性进行统计学分析。使用徕卡 MDG33 显微镜进行鉴定并拍照记录，根据动物大小，放大倍数从 8 倍至 50 倍。

5.3 试验结果

5.3.1 土壤大中型动物数量统计

在玉米种植的 5 个时期中，对 7 个玉米种植处理中的土壤样品进行了鉴定，共发现土壤大中型动物 3 门 5 纲 9 类群，主要有巨蚓科（Megascolecidae）、金龟甲科（Scarabaeoidae）、巴蜗牛科（Bradybaenidae）、蜘蛛目（Araneida）、夜蛾科（Noctuidae）、蟋蟀科（Gryllidae）、蝼蛄科（Gryllotalpidae）、地蜈蚣科（Geophilomorpha）和蝉科（Cicadidae）等 9 个类群。数据分析表明，9 类主要土壤动物数量均随着季节变化而显著变化（见表 5-2）。在玉米播种前期，土壤大中型动物在种类和数量上都较少，随着种植时间的增长，种类和数量都逐渐上升，在种植末期又有一定回落。在 2021 年 7 月 15 日、8 月 4 日以及 9 月 3 日调查时，转基因品种 DBN9936 土壤中夜蛾科的数量显著低于其他处理组，转基因品种罗单566-DBN9936 土壤中金龟甲科和夜蛾科的数量显著低于其他处理组，其他各处理间未见显著差异。

表 5-2 土壤大中型动物数量

2021 年 5 月 11 日

种类	土壤大中型动物数量/（头/0.25 m²）				
	J-LD-P	J-LD	J-9936-LD	J-ZY-P	J-ZY
巨蚓科（Megascolecidae）	0.22±0.44a	0±0a	0.33±0.71a	0.11±0.33a	0±0a
金龟甲科（Scarabaeoidae）	0.22±0.44a	0.33±0.5a	0.11±0.33a	0.33±0.5a	0.11±0.33a
巴蜗牛科（Bradybaenidae）	0.22±0.44a	0.22±0.44a	0.11±0.33a	0.33±0.71a	0.22±0.44a
蜘蛛目（Araneida）	0±0a	0±0a	0±0a	0±0a	0±0a
夜蛾科（Noctuidae）	0.11±0.33a	0.22±0.44a	0±0a	0.11±0.33a	0.22±0.44a
蟋蟀科（Gryllidae）	0±0a	0±0a	0±0a	0±0a	0±0a
蝼蛄科（Gryllotalpidae）	0±0a	0±0a	0±0a	0±0a	0±0a
地蜈蚣科（Geophilomorpha）	0±0a	0.11±0.33a	0±0a	0±0a	0±0a
蝉科（Cicadidae）	0.11±0.33a	0±0a	0.11±0.33a	0±0a	0±0a

注：同一行相同字母表示无显著性差异（$P>0.05$）。

2021 年 6 月 16 日

种类	土壤大中型动物数量/（头/0.25 m²)				
	J-LD-P	J-LD	J-9936-LD	J-ZY-P	J-ZY
巨蚓科（Megascolecidae)	0.22±0.44a	0.33±0.5a	0.5±0.93a	0.33±0.5a	0.22±0.44a
金龟甲科（Scarabaeoidae)	0.22±0.44a	0.33±0.5a	0.22±0.44a	0.33±0.5a	0.11±0.33a
巴蜗牛科（Bradybaenidae)	0.22±0.44a	0.11±0.33a	0.22±0.44a	0.33±0.71a	0.22±0.44a
蜘蛛目（Araneida)	0.44±0.88a	0.22±0.44a	0.33±0.71a	0.56±0.73a	0.22±0.44a
夜蛾科（Noctuidae)	0.11±0.33a	0.22±0.44a	0.11±0.33a	0.22±0.44a	0.11±0.33a
蟋蟀科（Gryllidae)	0.11±0.33a	0.11±0.33a	0.11±0.33a	0.11±0.33a	0±0a
蝼蛄科（Gryllotalpidae)	0.11±0.33a	0±0a	0.11±0.33a	0±0a	0.22±0.44a
地蜈蚣科（Geophilomorpha)	0.11±0.33a	0±0a	0.11±0.33a	0±0a	0.11±0.33a
蝉科（Cicadidae)	0.11±0.33a	0±0a	0.11±0.33a	0.11±0.33a	0±0a

注：同一行相同字母表示无显著性差异（P>0.05）。

2021 年 7 月 15 日

种类	土壤大中型动物数量/（头/0.25 m²)				
	J-LD-P	J-LD	J-9936-LD	J-ZY-P	J-ZY
巨蚓科（Megascolecidae)	1.11±0.93a	1±1a	1.67±1.58a	1.22±1.48a	1.33±1.22a
金龟甲科（Scarabaeoidae)	1.56±1.33a	1.67±1.22a	1.22±1.09a	1.22±1.09a	1.56±1.81a
巴蜗牛科（Bradybaenidae)	0.56±0.73a	0.56±0.73a	0.44±0.53a	0.44±0.73a	0.44±0.88a
蜘蛛目（Araneida)	1.33±0.5a	1.22±0.97a	1.11±0.78a	0.78±0.67a	0.78±0.67a
夜蛾科（Noctuidae)	0.78±0.83a	0.56±0.73a	0.22±0.44b	0.67±0.71a	0.67±0.87a
蟋蟀科（Gryllidae)	0.67±0.87a	1±1.32a	1.11±0.78a	0.89±0.78a	0.78±0.83a
蝼蛄科（Gryllotalpidae)	0.22±0.44a	0.22±0.44a	0.22±0.44a	0±0a	0.11±0.33a
地蜈蚣科（Geophilomorpha)	0.11±0.33a	0.11±0.33a	0.22±0.44a	0±0a	0.22±0.44a
蝉科（Cicadidae)	0±0a	0±0a	0±0a	0.11±0.33a	0±0a

注：同一行相同字母表示无显著性差异（P>0.05）。

2021 年 8 月 4 日

种类	土壤大中型动物数量/（头/0.25 m²)				
	J-LD-P	J-LD	J-9936-LD	J-ZY-P	J-ZY
巨蚓科（Megascolecidae)	1.11±0.78a	1.11±1.05a	1.11±0.78a	1.11±1.05a	1.67±1.22a
金龟甲科（Scarabaeoidae)	1.56±1.01a	1.44±1.13a	1±0.71a	1.33±1.22a	1.67±1.5a
巴蜗牛科（Bradybaenidae)	0.33±0.5a	0.44±0.53a	0.56±0.53a	0.22±0.44a	0±0a
蜘蛛目（Araneida)	1.44±0.53a	1.22±0.44a	0.89±0.6a	0.89±0.78a	0.22±0.44a
夜蛾科（Noctuidae)	0.67±0.5a	0.67±0.71a	0.22±0.44b	0.56±0.73a	0.89±0.6a
蟋蟀科（Gryllidae)	0.89±0.93a	1±1a	1.22±0.83a	1±0.71a	0.78±0.67a
蝼蛄科（Gryllotalpidae)	0.22±0.44a	0.22±0.44a	0.22±0.44a	0.22±0.44a	0.11±0.33a
地蜈蚣科（Geophilomorpha)	0.22±0.44a	0±0a	0.22±0.44a	0.22±0.44a	0±0a
蝉科（Cicadidae)	0±0a	0±0a	0±0a	0±0a	0±0a

注：同一行相同字母表示无显著性差异（P>0.05）。

2021 年 9 月 3 日

种类	土壤大中型动物数量/（头/0.25 m²）				
	J-LD-P	J-LD	J-9936-LD	J-ZY-P	J-ZY
巨蚓科（Megascolecidae）	1±0.87a	0.33±0.71a	1±0.87a	1.22±0.83a	1.22±0.83a
金龟甲科（Scarabaeoidae）	0.56±0.73a	0.56±0.53a	0.56±0.53a	0.67±0.5a	0.78±0.67a
巴蜗牛科（Bradybaenidae）	0.11±0.33a	0±0a	0.22±0.44a	0.22±0.44a	0±0a
蜘蛛目（Araneida）	0.33±0.5a	0.22±0.44a	0.33±0.71a	0.22±0.44a	0.11±0.33a
夜蛾科（Noctuidae）	0.33±0.5a	0.44±0.73a	0±0b	0.44±0.73a	0.44±0.53a
蟋蟀科（Gryllidae）	0.33±0.5a	0.44±0.53a	0.44±0.53a	0.56±0.73a	0.56±0.53a
蝼蛄科（Gryllotalpidae）	0±0a	0±0a	0±0a	0.11±0.33a	0±0a
地蜈蚣科（Geophilomorpha）	0.11±0.33a	0.11±0.33a	0.22±0.44a	0.22±0.44a	0.22±0.44a
蝉科（Cicadidae）	0±0a	0±0a	0±0a	0±0a	0±0a

注：同一行相同字母表示无显著性差异（$P>0.05$）。

5.3.2 土壤中小型动物数量统计

在玉米种植的 5 个时期中，对 5 个玉米种植处理中的土壤样品进行了鉴定，共发现中小型节肢动物 2 门 3 纲 20 个类群。数据分析表明，这 20 类主要土壤动物数量均随着季节变化而显著变化（见表 5-3）。在玉米播种期和苗期，土壤中小型动物在种类和数量上都较少，随着种植时间的增长，种类和数量都逐渐增加。仅在 2021 年 8 月 4 日以及 9 月 3 日调查时，在转基因品种罗单 566-DBN9936 土壤中夜蛾科的数量显著低于其他处理组，其他各处理间未见显著差异。

表 5-3 土壤中小型动物数量

2021 年 5 月 11 日

种类	土壤中小型动物数量/（头/kg）				
	J-LD-P	J-LD	J-9936-LD	J-ZY-P	J-ZY
蜱螨目（Acarina）	64.44±11.26a	66.67±8.12a	69.56±8.13a	63±7.45a	68.56±7.43a
弹尾目（Collembola）	49.78±6.57a	47.33±5.05a	51.44±4.56a	49.22±7.36a	49±4.15a
金龟甲科（Scarabaeoidae）	0.89±0.78a	1.11±0.93a	0.67±0.71a	0.78±0.97a	1±1a
蚁科（Formicidae）	1.11±0.78a	1.11±0.78a	1.44±0.88a	0.89±0.78a	1.11±0.78a
蜘蛛目（Araneida）	0±0a	0±0a	0±0a	0±0a	0±0a
步甲科（Carabidae）	0±0a	0±0a	0±0a	0±0a	0±0a
隐翅虫科（Staphylinidae）	0±0a	0±0a	0±0a	0±0a	0±0a
长足虻科（Dolichopodadae）	0±0a	0±0a	0±0a	0±0a	0±0a
大蚊科（Tipulidae）	0±0a	0±0a	0±0a	0±0a	0±0a
蠼螋科（Labiduridae）	0±0a	0±0a	0±0a	0±0a	0±0a
夜蛾科（Noctuidae）	0±0a	0±0a	0±0a	0±0a	0±0a
啮虫目（Corrodentia）	0±0a	0±0a	0±0a	0±0a	0±0a
叩甲科（Elateridae）	0±0a	0±0a	0±0a	0±0a	0±0a

种类	土壤中小型动物数量/（头/kg）				
	J-LD-P	J-LD	J-9936-LD	J-ZY-P	J-ZY
虎甲科（Cicindelidae）	0±0a	0±0a	0±0a	0±0a	0±0a
蝇科（Muscidae）	0±0a	0±0a	0±0a	0±0a	0±0a
蚋科（Simuliidae）	0±0a	0±0a	0±0a	0±0a	0±0a
蚁甲科（Pselaphidae）	0±0a	0±0a	0±0a	0±0a	0±0a
瓢甲科（Coccincllidae）	0±0a	0±0a	0±0a	0±0a	0±0a
叶甲科（Chrysomelidae）	0±0a	0±0a	0±0a	0±0a	0±0a
线虫（Nematoda）	2.11±1.05a	2.44±1.33a	3.44±0.73a	2.11±1.17a	2.22±1.2a

注：同一行相同字母表示无显著性差异（$P>0.05$）。

2021 年 6 月 16 日

种类	土壤中小型动物数量/（头/kg）				
	J-LD-P	J-LD	J-9936-LD	J-ZY-P	J-ZY
蜱螨目（Acarina）	76.56±10.55a	74.11±8.36a	75.22±10.99a	72.89±7.77a	75.44±12.61a
弹尾目（Collembola）	61.67±5.87a	60±5.15a	56.33±6.34a	58.11±6.58a	60.33±7.05a
金龟甲科（Scarabaeoidea）	5.56±0.53a	4.67±0.71a	5.11±0.78a	4.78±0.97a	5.22±0.83a
蚁科（Formicidae）	2.33±0.5a	2.44±0.53a	2.67±0.5a	2.56±0.53a	2.44±0.53a
蜘蛛目（Araneida）	0.56±0.53a	1.33±0.87a	1.44±0.73a	1.11±0.78a	1.11±0.93a
步甲科（Carabidae）	1±0.87a	0.56±0.88a	1.11±0.6a	1.22±0.83a	0.78±0.67a
隐翅虫科（Staphylinidae）	0±0a	0±0a	0±0a	0±0a	0±0a
长足虻科（Dolichopodadae）	0.78±0.97a	0.56±0.88a	0.89±0.78a	0.67±0.87a	0.89±0.93a
大蚊科（Tipulidae）	0.56±0.53a	0.33±0.5a	0.22±0.44a	0.22±0.44a	0.44±0.53a
蠼螋科（Labiduridae）	0±0a	0±0a	0±0a	0±0a	0±0a
夜蛾科（Noctuidae）	3±0a	2.67±0.5a	2.78±0.44a	2.44±0.53a	2.56±0.53a
啮虫目（Corrodentia）	0±0a	0±0a	0±0a	0±0a	0±0a
叩甲科（Elateridae）	0.44±0.53a	0.56±0.53a	0.56±0.53a	0.67±0.5a	0.44±0.53a
虎甲科（Cicindelidae）	0±0a	0±0a	0±0a	0±0a	0±0a
蝇科（Muscidae）	1.22±0.83a	0.44±0.73a	0.67±0.71a	0.78±0.97a	0.78±0.67a
蚋科（Simuliidae）	0±0a	0±0a	0±0a	0±0a	0±0a
蚁甲科（Pselaphidae）	0.56±0.53a	0.56±0.53a	0.56±0.53a	0.67±0.5a	0.78±0.44a
瓢甲科（Coccincllidae）	0.33±0.5a	0.56±0.53a	0.33±0.5a	0.78±0.44a	0.44±0.53a
叶甲科（Chrysomelidae）	0.67±0.5a	0.44±0.53a	0.33±0.5a	0.56±0.53a	0.67±0.5a
线虫（Nematoda）	3.44±1.01a	2.33±0.87a	2.44±0.88a	3.22±0.67a	2.44±1.33a

注：同一行相同字母表示无显著性差异（$P>0.05$）。

2021 年 7 月 15 日

种类	土壤中小型动物数量/（头/kg）				
	J-LD-P	J-LD	J-9936-LD	J-ZY-P	J-ZY
蜱螨目（Acarina）	76.78±11.44a	74.44±7.88a	72.22±9.2a	69.33±10.49a	74.33±10.42a
弹尾目（Collembola）	56.44±6.29a	56.11±4.37a	62.56±6.86a	59.33±5.68a	57.89±6.27a
金龟甲科（Scarabaeoidae）	6.67±1.22a	5.56±0.73a	6.33±1.32a	6.89±1.27a	6.67±1.12a
蚁科（Formicidae）	5±0.87a	4±1a	4.78±1.2a	4.11±1.17a	5±1a
蜘蛛目（Araneida）	2.56±0.53a	2.56±0.53a	2.33±0.5a	2.56±0.53a	2.56±0.53a
步甲科（Carabidae）	1.56±0.53a	1.44±0.53a	1.22±0.44a	1.44±0.53a	1.56±0.53a
隐翅虫科（Staphylinidae）	1.22±0.44a	1.44±0.53a	1.22±0.44a	1.56±0.53a	1.44±0.53a
长足虻科（Dolichopodadae）	1.33±1a	1.22±0.83a	1.22±0.83a	0.89±0.93a	0.78±0.97a
大蚊科（Tipulidae）	0.44±0.53a	0.44±0.53a	0.89±0.33a	0.56±0.53a	0.56±0.53a
蠼螋科（Labiduridae）	0.56±0.53a	0.67±0.5a	0.33±0.5a	0.56±0.53a	0.56±0.53a
夜蛾科（Noctuidae）	2.89±0.6a	2.44±0.53a	3±0.87a	3.33±0.87a	3.44±0.88a
啮虫目（Corrodentia）	0.67±0.5a	0.44±0.53a	0.67±0.5a	0.56±0.53a	0.56±0.53a
叩甲科（Elateridae）	1.33±0.5a	1.44±0.53a	1.67±0.5a	1.56±0.53a	1.67±0.5a
虎甲科（Cicindelidae）	1.56±0.53a	1.56±0.53a	1.56±0.53a	1.44±0.53a	1.56±0.53a
蝇科（Muscidae）	1.56±0.53a	1.44±0.53a	1.11±0.33a	1.44±0.53a	1.56±0.53a
蚋科（Simuliidae）	0.11±0.33a	0.44±0.53a	0.56±0.53a	0.56±0.53a	0.56±0.53a
蚁甲科（Pselaphidae）	0.78±0.83a	1.11±0.93a	1.22±0.83a	1.44±0.73a	0.78±0.97a
瓢甲科（Coccincllidae）	0.33±0.5a	0.44±0.53a	0.33±0.5a	0.22±0.44a	0.67±0.5a
叶甲科（Chrysomelidae）	1.22±0.67a	0.78±0.83a	1±0.87a	1±0.87a	0.67±0.71a
线虫（Nematoda）	4.11±1.17a	3.78±1.3a	4.78±0.97a	4.11±1.69a	4±1.22a

注：同一行相同字母表示无显著性差异（P>0.05）。

2021 年 8 月 4 日

种类	土壤中小型动物数量/（头/kg）				
	J-LD-P	J-LD	J-9936-LD	J-ZY-P	J-ZY
蜱螨目（Acarina）	114.22±8.67a	113.56±8.55a	111.78±8.24a	116.89±8.27a	116.56±8.78a
弹尾目（Collembola）	89.33±10.01a	91.44±8.93a	96.33±9.8a	93.22±9.82a	96.33±9.08a
金龟甲科（Scarabaeoidae）	1.56±0.53a	1.33±0.5a	1.44±0.53a	1.67±0.5a	1.56±0.53a
蚁科（Formicidae）	1.33±0.5a	1.33±0.5a	1.22±0.44a	1.56±0.53a	1.56±0.53a
蜘蛛目（Araneida）	3.11±0.78a	3.33±0.71a	3.33±0.71a	2.44±0.88a	3.22±0.83a
步甲科（Carabidae）	1.78±0.44a	1.78±0.44a	1.56±0.53a	1.56±0.53a	1.56±0.53a
隐翅虫科（Staphylinidae）	0.56±0.53a	0.67±0.5a	0.78±0.44a	0.44±0.53a	0.78±0.44a
长足虻科（Dolichopodadae）	1.33±0.87a	1±0.87a	1.11±0.93a	0.89±0.93a	1±0.71a
大蚊科（Tipulidae）	0.11±0.33a	0.67±0.5a	0.56±0.53a	0.56±0.53a	0.56±0.53a
蠼螋科（Labiduridae）	0.22±0.44a	0.56±0.53a	0.44±0.53a	0.78±0.44a	0.67±0.5a
夜蛾科（Noctuidae）	1.67±0.5a	1.67±0.5a	0.22±0.44b	1.56±0.53a	1.56±0.53a
啮虫目（Corrodentia）	0.67±0.5a	0.56±0.53a	0.56±0.53a	0.44±0.53a	0.33±0.5a
叩甲科（Elateridae）	1.56±0.53a	1.33±0.5a	1.44±0.53a	1.56±0.53a	1.44±0.53a
虎甲科（Cicindelidae）	0.33±0.5a	0.44±0.53a	0.33±0.5a	0.56±0.53a	0.44±0.53a
蝇科（Muscidae）	2.67±0.5a	2.67±0.5a	2±0a	3±0a	2.67±0.5a
蚋科（Simuliidae）	0.44±0.53a	0.33±0.5a	0.67±0.5a	0.44±0.53a	0.56±0.53a
蚁甲科（Pselaphidae）	0.67±0.5a	0.67±0.5a	0.33±0.5a	0.56±0.53a	0.44±0.53a
瓢甲科（Coccincllidae）	0.56±0.53a	0.67±0.5a	0.44±0.53a	0.56±0.53a	0.78±0.44a
叶甲科（Chrysomelidae）	0.44±0.73a	0.67±0.5a	0.56±0.53a	0.56±0.73a	0.67±0.71a
线虫（Nematoda）	4±1a	4.33±1.58a	4.56±1.42a	3.56±1.42a	3.33±1.32a

注：同一行相同字母表示无显著性差异（P>0.05）。

2021 年 9 月 3 日

种类	土壤中小型动物数量/（头/kg）				
	J-LD-P	J-LD	J-9936-LD	J-ZY-P	J-ZY
蜱螨目（Acarina）	180.78±14.36a	176.33±16.48a	172±15.27a	172.67±17.42a	182.22±15.31a
弹尾目（Collembola）	137.11±13.86a	141.11±11.67a	141.67±7.78a	138.89±15.99a	145.78±7.89a
金龟甲科（Scarabaeoidae）	1.44±0.53a	1.56±0.53a	1.33±0.5a	1.44±0.53a	1.44±0.53a
蚁科（Formicidae）	1.56±0.53a	1.78±0.44a	1.56±0.53a	1.67±0.5a	1.44±0.53a
蜘蛛目（Araneida）	5.78±1.3a	5.89±0.93a	6.11±1.69a	6.11±1.54a	6.22±1.64a
步甲科（Carabidae）	1.44±0.53a	1.56±0.53a	1.44±0.53a	1.56±0.53a	1.44±0.53a
隐翅虫科（Staphylinidae）	2.44±0.53a	1.56±0.73a	1.89±1.05a	2.22±0.83a	1.44±0.73a
长足虻科（Dolichopodadae）	1.11±0.78a	1.22±0.97a	1±1a	0.89±0.6a	0.56±0.88a
大蚊科（Tipulidae）	0.56±0.53a	0.56±0.53a	0.56±0.53a	0.44±0.53a	0.67±0.5a
蠼螋科（Labiduridae）	1.67±0.5a	1.78±0.44a	1.56±0.53a	1.67±0.5a	1.56±0.53a
夜蛾科（Noctuidae）	1.67±0.5a	1.33±0.5a	0.33±0.5b	1.78±0.44a	1.56±0.53a
啮虫目（Corrodentia）	0.67±0.5a	0.56±0.53a	0.56±0.53a	0.56±0.53a	0.44±0.53a
叩甲科（Elateridae）	1.44±0.53a	1.44±0.53a	1.78±0.44a	1.33±0.5a	1.22±0.44a
虎甲科（Cicindelidae）	0.56±0.53a	0.44±0.53a	0.56±0.53a	0.44±0.53a	0.33±0.5a
蝇科（Muscidae）	2.56±0.53a	2.44±0.53a	2.56±0.53a	2.78±0.44a	2.44±0.53a
蚋科（Simuliidae）	0.56±0.53a	0.44±0.53a	0.44±0.53a	0.56±0.53a	0.67±0.5a
蚁甲科（Pselaphidae）	0.33±0.5a	0.56±0.53a	0.56±0.53a	0.33±0.5a	0.33±0.5a
瓢甲科（Coccinellidae）	0.67±0.5a	0.33±0.5a	0.56±0.53a	0.33±0.5a	0.67±0.5a
叶甲科（Chrysomelidae）	0.56±0.73a	0.56±0.73a	0.44±0.53a	0.56±0.73a	0.56±0.53a
线虫（Nematoda）	4.44±1.42a	5±1.41a	3.78±1.64a	4.33±1.58a	4.78±0.83a

注：同一行相同字母表示无显著性差异（$P>0.05$）。

5.4　结论

国外曾有研究报道转 Bt 基因玉米秸秆的降解过程，发现蚯蚓能促进秸秆中 Bt 蛋白的降解，而且对蚯蚓没有不利影响（Sehrader et al.，2008）。其他研究中也得到类似的结论，即发现转 Bt 基因玉米的种植对土壤中蚯蚓的数量和种类没有显著影响（Zeilinger et al.，2010）。但也有研究表明转 Bt 基因作物对蚯蚓有影响，如 Shu 等（2011）在模拟秸秆还田时，研究了不同浓度秸秆对赤子爱胜蚓的影响，发现取食转基因玉米后，赤子爱胜蚓的相对生长速率、幼蚓数量显著高于取食非转基因玉米的蚯蚓。

此次调查中，在云南转基因玉米田土壤中共发现土壤动物 4 门 6 纲 26 类土壤动物，其中优势类群为蜱螨目和弹尾目，常见类群有蜘蛛目、蚁科、金龟甲科等。土壤动物数量和种类主要受土壤性质、温度、降水量和凋落物影响。随着转基因玉米的种植面积逐渐增加，抗虫转基因玉米在种植后期会对土壤中的靶标动物产生抑制作用，原因可能是玉米凋落物和残体进入土壤。另外，通过比较不同施药方式处理组数据，发现施用不同除草剂和杀虫剂的处理之间，土壤动物没有出现显著差异。

参考文献

黎裕，王天宇，2018. 玉米转基因技术研发与应用现状及展望[J]. 玉米科学，26（2）：1-15.

吴孔明，刘海军，2014. 中国转基因作物的环境安全评介与风险管理[J]. 华中农业大学学报，33（6）：112-114.

Sehrader S，Munehenberg T，Baumgarte S，et al.，2008. Earthworms of different functional groups affect the fate of the *Bt*-toxin CrylAb from transgenic maize in soil[J]. European Journal of Soil Biology，44（3）：283-289.

Shu Y H，Ma H H，Du Y，et al.，2011. The presence of *Bacillus thuringiensis*（*Bt*）protein in earthworms *Eisenia fetida* has no deleterious effects on their growth and reproduction[J].Chemosphere，85（10）：1648-1656.

Zeilinger A R，Andow D A，Zwahlen C，et al.，2010. Earthworm populations in a northern U.S. Cornbelt soil are not affected by long-term cultivation of Bt maize expressing CrylAb and Cry3Bbl proteins[J]. Soil Biology and Biochemistry，42（8）：1284-1292.

（方志翔　沈文静　任振涛　张莉　刘来盘　刘标）

第6章 转 *cry1Ab* 和 *epsps* 基因玉米 DBN9936 对大型蚤（*Daphnia magna*）的生态毒性研究

6.1 引言

玉米作为重要的粮食和饲料作物，在我国乃至世界农业生产中占据重要地位。玉米原料及其加工过程的副产品（如玉米油、玉米蛋白粉、玉米胚芽粕等）是很多水生动物的重要饲料来源（Ronaldw，2010；Breitenbach et al.，2016；陈林等，2016），为水生动物生长提供营养和能量。

在对玉米有巨大需求的同时，也面临着虫害、杂草等诸多减产因素。转基因玉米的问世缓解了玉米供不应求的突出矛盾，为玉米粮食安全做出了巨大贡献。截至 2007 年，国外至少有 40 种转基因玉米通过安全评估并批准释放，用于食品和饲料的原材料（肖一争等，2007）。自 2010 年起，我国批准进口转基因玉米用于饲料加工。

转基因玉米在降低生产成本、提高产品品质方面显示出独特的技术优势和全新的开发前景。但与此同时，其对环境和人类健康造成的潜在生态风险不容忽视。由于转入的外源基因并非作物本身基因库的基因，外源基因的插入引发的非预期效应可能对宿主细胞代谢产生影响，甚至产生一些新的代谢产物（Rischer et al.，2006；Wolt et al.，2010），进而引发一些潜在或尚不可预见的后果，因此使用动物喂养试验来评价其安全性非常必要（Delaney et al.，2008）。现有的转基因玉米饲喂试验主要集中于一些哺乳动物（Abdo et al.，2014；Séralini et al.，2014；Domingo，2016），而动物饲喂试验往往存在试验周期长、成本高等诸多不足（Bohn et al.，2008），且大部分饲喂试验选择的是实验动物生命周期的某一阶段（Pryme et al.，2003），这个时间段相较于动物寿命来说都比较短，但实际上转基因产品或饲料对动物的影响可能是以低浓度长期作用的方式施加的（Cuhra et al.，2015）。另外，幼龄的实验动物可能对受试物更为敏感，因此使用动物饲喂试验对转基因作物及产品进行安全评价时，有必要同时关注实验动物的幼龄期和成龄期两个时间段（Levin et al.，1996）。

一些研究者发现，包括转基因玉米在内的一些转基因作物在自然栽培过程中，作物花粉、根系分泌物、碎屑物等会随环境变化进入农田周围的自然水域（如池塘、湿地、人工或天然溪流等）（Tank et al.，2010；Carstens et al.，2011），进而使邻近水域中的水生生物接触到外源蛋白。Douville 等（2007，2009）对转 *cry1Ab* 基因玉米的研究发现，转 *cry1Ab* 基因玉米田周边水域的表面水、沉积物以及河蚌组织内可检测到 *cry1Ab* 基因，由此可见转基因玉米对水生生态系统造成的潜在生态风险不容忽视。

大型蚤（*Daphnia magna*）属于枝角类水生生物，其生活周期短、繁殖快、易于在试验条件下培养且对污染物敏感（Sturm et al.，1999；Rosa et al.，2006），其生存和繁殖能力试验通常被视为水生环境监测的常规方法（Rosa et al.，2006）。转基因作物成功培育后，许多研究者将大型蚤应用于外源蛋白（Duchet et al.，2010；Raybould et al.，2011；Bøhn et al.，2016）、花粉（Mendelson et al.，2004）、饲料（Cuhra et al.，2015；Zhang et al.，2016）等的安全性评价中，这些研究为以大型蚤为试验动物测试转基因材料安全性提供了方法参考。水产养殖越来越多地使用转基因材料，突出了研究和评价转基因材料饲料安全性的重要性（Cuhra et al.，2015）。

中国和欧盟等国家和地区都要求对新开发的转基因作物品种进行亚慢性毒性试验。抗虫和耐除草剂玉米 DBN9936 是新的转化体，需要根据个案评估的原则进行食用安全性评估，且 DBN9936 同时具有抗虫和耐除草剂两种特性，而目前同时表达两种外源蛋白的转基因产品对水生生物的食用安全性的评价还鲜见报道。本研究以 DBN9936 玉米为唯一食物来源饲喂大型蚤，在大型蚤生命周期内评价 DBN9936 对其生长和繁殖的影响，以期为评估转基因玉米作为饲料的安全性提供科学参考。

6.2　材料与方法

6.2.1　试验材料

供试材料为大北农公司提供的抗虫和耐除草剂双价转基因玉米 DBN9936（外源基因 *cry1Ab* 和 *epsps*）籽粒及其亲本 DBN318 玉米籽粒。对玉米籽粒使用 TC-10 型超音速气流粉碎分级机进行低温粉碎，粉碎后的玉米粉粒径为 10～15 μm，符合大型蚤对食物粒径的需求。采用随机抽样方法对玉米粉进行营养成分测定（$n=3$），经测定，两种玉米粉的蛋白质、脂肪、淀粉以及主要矿物质元素含量一致（$P>0.05$），具体营养成分见表 6-1。采用玉米 Cry1Ab 和 EPSPS 检测试剂盒（Envirologix）对随机选取的 10 份 DBN9936 和 DBN318 玉米粉进行 Cry1Ab 和 EPSPS 蛋白测定，结果显示 DBN9936 玉米粉两种蛋白的表达量分别为（1.49±0.33）μg/g 和（35.42±0.89）μg/g，DBN318 玉米检测结果均显示阴性。

表 6-1　DBN9936 与 DBN318 玉米营养成分分析

成分	DBN9936	DBN318
水分/%	9.38±0.18 [a]	9.40±0.378 [a]
灰分/%	2.70±0.30 [a]	2.20±0.20 [a]
蛋白质/%	10.10±0.30 [a]	9.70±0.60 [a]
脂肪/%	6.30±0.30 [a]	7.20±0.30 [a]
碳水化合物/%	58.39±2.26 [a]	57.53±3.55 [a]
纤维素/%	13.13±1.04 [a]	13.97±0.62 [a]
磷/（mg/100 g）	510.66±13.01 [a]	513.00±16.46 [a]
钙/（mg/100 g）	25.79±1.91 [a]	26.75±2.05 [a]
铁/（mg/100 g）	6.85±0.60 [a]	7.24±0.32 [a]
铜/（mg/kg）	1.00±0.20 [a]	0.79±0.02 [a]
锰/（mg/100 g）	0.95±0.13 [a]	0.93±0.03 [a]
锌/（mg/kg）	50.00±2.00 [a]	47.30±5.67 [a]

注：表内数据均为"平均值±标准差"（$n=3$）。同一行数据右上角字母不同，表示差异显著（$P<0.05$，独立样本 t 检验）；字母相同表示差异不显著（$P>0.05$）。

6.2.2　供试大型蚤

本研究选用的大型蚤引自原环境保护部南京环境科学研究所，在本实验室长期培养驯化，选择培养 3 代以上、遗传背景相同、行动活泼的出生 6～24 h 的孤雌生殖的幼蚤作为供试蚤。为测试供试大型蚤的敏感性和试验操作步骤的统一性，以重铬酸钾（$K_2Cr_2O_7$）为敏感性测定毒物，按照《水质　物质对蚤类（大型蚤）急性毒性测试方法》（GB/T 13266—91）（国家环境保护局，1991）测定大型蚤的敏感性。经测定，20℃时重铬酸钾的 24 h 半数效应浓度（24 h-EC$_{50}$）为 0.922 mg/L，符合大型蚤的敏感性要求（0.9～1.7 mg/L），供试大型蚤可以作为标准试验生物进行试验。

6.2.3　试验方法

试验设置小球藻（*Chlorella vulgaris*）组、DBN318 玉米粉组和 DBN9936 玉米粉组 3 个处理，每处理 3 个重复，每重复 10 头大型蚤。试验选用 100 mL 烧杯，每杯盛放 80 mL M4 培养溶液（OECD，2012），并随机放置 1 头幼蚤。试验过程中，小球藻组每日饲喂 1 次浓缩藻液，喂食终密度约为 $5×10^5$ 个/mL，DBN318 玉米粉组和 DBN9936 玉米粉组饲喂 1.5 g/L 的相应玉米粉 1 mL。每天定时观察大型蚤的生长繁殖情况，同时记录各处理组大型蚤存活情况，统计大型蚤存活时间。试验中每 3 天更换 1 次培养液，每次更换培养液的同时，测定大型蚤的体长（从头部到壳刺基部）。当大型蚤开始繁殖后，记录首次繁殖时间、首次产幼蚤数、累计产幼蚤数，并使用前端处理过的 3 mL 巴氏吸管将新生幼蚤移出。试验在温度为（22±1）℃、光强为 60 μmol/（m²·s）、光暗比为 16 h∶8 h 的恒温培养室

（Binder，KBF720，德国）中持续 28 天。

6.2.4 数据处理

采用 Excel 2003 统计分析软件进行数据整理，试验数据以平均值±标准差（x±SD）表示，用 Sigmaplot 10.0 绘图。使用 SPSS 17.0 软件 ANOVA 程序进行单因子方差分析，使用 Tukey's test 进行多重比较，以 $P<0.05$ 作为统计学上检验的显著性水平。

6.3 结果

6.3.1 小球藻组大型蚤

试验中小球藻组大型蚤作为空白对照验证试验过程的有效性，至 21 天小球藻组存活率为 80%，新生幼蚤 98 头，试验期间未有卵鞍出现，符合大型蚤生长和繁殖试验的需求。小球藻组大型蚤存活率、体长情况见图 6-1、图 6-2，繁殖参数见表 6-2。

6.3.2 存活率

图 6-1 显示的是小球藻组、DBN318 玉米粉组和 DBN9936 玉米粉组供试蚤 28 天存活率变化情况。试验过程中，两个玉米粉组供试蚤随试验天数的增加均有一定的死亡。方差分析显示 DBN9936 玉米粉组大型蚤和 DBN318 玉米粉组大型蚤存活率没有显著性差异（$P>0.05$）。

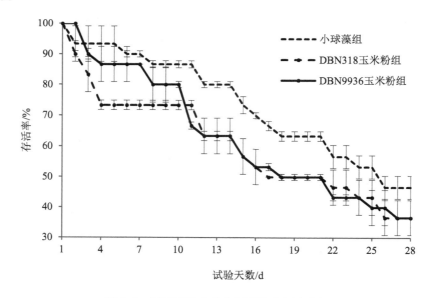

图 6-1 饲喂不同食物大型蚤的存活率变化

6.3.3　体长

不同食物条件下大型蚤的体长表现不同（见图6-2）。小球藻组供试蚤体长在1～10天内增加明显，11天后缓慢增长，至试验结束时（28天），小球藻组平均体长为3.79 mm。对于DBN318玉米粉组和DBN9936玉米粉组供试蚤，28天试验期内，两个玉米粉组供试蚤体长在整个试验期内的增长模式大体一致；3～28天，DBN9936玉米粉组大型蚤体长与DBN318玉米粉组相比，没有显著性差异（$P>0.05$）；至28天时，DBN318玉米粉组和DBN9936玉米粉组大型蚤平均体长分别为2.54 mm和2.65 mm，统计学检验显示二者无显著性差异（$P>0.05$）。各组大型蚤体长随时间的变化情况见图6-2。

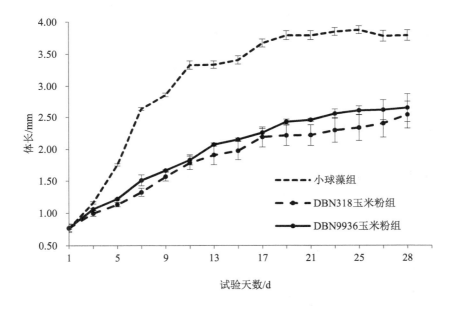

图6-2　饲喂不同食物大型蚤的体长变化

6.3.4　繁殖

不同食物饲喂处理对大型蚤繁殖指标的影响见表6-2。相较于小球藻组，两个玉米粉组大型蚤均表现出一些繁殖劣势，如首次繁殖时间滞后、首次产幼蚤数较少、累计产幼蚤总数较少，这些参数与小球藻组有显著性差异，说明仅饲喂玉米粉会对大型蚤的生殖量产生一定影响。但是DBN9936玉米粉组和DBN318玉米粉组大型蚤在首次繁殖时间、首次产幼蚤数及累计产幼蚤总数上均没有显著性差异（$P>0.05$）。

表 6-2 饲喂不同食物大型蚤的繁殖指标

指标	小球藻组	DBN318 玉米粉组	DBN9936 玉米粉组
首次繁殖时间	8.80±0.53 b	12.54±1.07 a	10.88±1.19 a
首次产幼蚤数/头	15.67±3.79 a	10.33±0.58 b	9.00±1.00 b
累计产幼蚤总数/头	130.33±13.05 a	90.00±9.17 b	87.33±19.76 b

注：表内数据以"平均值±标准差"表示。同一行内具有相同字母表示差异不显著，不同字母表示差异显著（Tukey's test，$P<0.05$）。

6.4　讨论

随着生产加工中越来越多地使用转基因作物作为饲料原料，对转基因作物及产品可能存在的安全问题进行动物饲喂试验评估已是转基因作物环境安全评价的重要内容。本研究以抗虫耐除草剂转基因玉米 DBN9936 为食物来源饲喂大型蚤，评价其对大型蚤的安全性。研究表明与饲喂 DBN318 亲本玉米粉的大型蚤相比，DBN9936 玉米粉组大型蚤在存活率、体长及繁殖等方面没有显著性差异，说明 DBN9936 玉米粉没有引起大型蚤在生长和繁殖方面的不良反应，摄入转基因玉米粉并不会对大型蚤产生不利影响。

在使用 DBN9936 玉米粉和其非转基因对照 DBN318 玉米粉饲喂大型蚤 28 天试验过程中，DBN9936 玉米粉并没有引起大型蚤在生长和繁殖方面的不良反应。与本研究结果不同的是，Bøhn 等（2008）使用抗虫 MON810 玉米种子、Cuhra 等（2015）使用抗农达大豆粉（Roundup-ready soybeen）的研究显示转基因成分对大型蚤有一定的不良影响。Holderbaum 等（2015）的研究也表明，食用 MON810 玉米叶对大型蚤有显著的慢性不良影响；研究者指出，食用 MON810 玉米叶的大型蚤相比于对照组表现为体型的减小、生活史中后期阶段的累积繁殖速率降低，最显著的差异为卵鞍产生增加了 3.5 倍（卵鞍是对胁迫的一种响应），具有明显的生物学效应。在 Holderbaum 等（2015）的研究中，研究者使用的 MON810 玉米叶 Cry1Ab 蛋白表达量可高达 2 530 ng/g，Bt 蛋白浓度是 DBN9936 玉米粉的 2 倍，这或许表明大型蚤生活史的差异与食物材料和外源蛋白的浓度有一定关联。

一些研究表明，食物品质较低时可能对 *D. magna* 施加多方面影响，如生长速率较慢（Müller-Navarra，1995）、首次繁殖推迟（Stige et al.，2004）以及繁殖力下降（Bouchnak et al.，2010）等。在本研究中，与小球藻组相比，两个玉米粉组均出现了体长较小、首次繁殖滞后以及总繁殖量降低的情况；由于这些现象在转基因玉米粉组和非转基因玉米粉组均有出现，且二者在这些指标上并没有显著性差异，可推断摄入转基因玉米粉并不是大型蚤适应性变化的原因，小球藻组和玉米粉组在生长和繁殖上的差异可能是由食物品质不同造成的。对大型蚤来说，玉米粉可能并不是一种高品质、高营养的食物，单纯的玉米粉可能会导致大型蚤出现营养不良、食物利用效率低或者其他不利情况。虽然玉米粉组大型蚤生长和繁殖的表现在某种程度上说是可预料的，但试验中没有在玉米粉中添加绿藻等天然食物来提高大型蚤的生存活力，这是因为枝角类动物对食物的摄入主要是基于食物粒径而不是气味或硬度（Peters，1984；DeMott，1986），混合其他食物（如绿藻）后，大型蚤可能会同时摄入绿藻和玉米粉，从而影响对玉米粉的取食；另外，使用玉米粉作为大型蚤生长繁殖的唯一能量来源，可使大型蚤最大限度地接触、暴露于 DBN9936 转基因玉米中。

　　DBN9936 同时表达抗虫和耐除草剂两种外源蛋白，而目前评估表达多种外源蛋白的转基因产品安全性的方法还在探索之中。鉴于一些仅表达抗虫性状或耐除草剂性状的转基因作物对大型蚤及某些水生生物具有一定影响（Bøhn et al.，2008，2010；Rosi-Marshall et al.，2007；Chambers et al.，2010；Cuhra et al.，2015），因此在对表达多种外源蛋白的转基因产品安全性进行评估的过程中，同时探究外源蛋白是否单独或者同时对一些非靶标生物产生影响，外源蛋白之间、外源蛋白与玉米内源蛋白质之间是否存在一些相互作用，有助于得出更为准确的评估结果。另外，本研究评价转基因玉米粉对大型蚤的亚慢性毒性试验仅在大型蚤一个世代内进行，一代之内有些不良效应或某些基因水平的改变可能尚不明显，增加传代次数往往可以把一些微小变化所产生的影响表现出来，因此今后可进行多代繁殖试验，以得到更为全面的评估结果。

参考文献

陈林，朱晓鸣，韩冬，等，2016. 芙蓉鲤鲫幼鱼饲料适宜淀粉含量[J]. 水生生物学报，40（4）：690-699.

国家环境保护局，1991. 水质　物质对蚤类（大型蚤）急性毒性测定方法：GB/T 13266—91[S]. 北京：中国标准出版社.

肖一争，唐咏，2007. 国内外转基因玉米检测方法研究概况[J]. 河南农业科学，36（5）：5-10.

Abdo E M，Barbary O M，Shaltout E S，2014. Feeding study with Bt corn（MON810：ajeeb YG）on rats：biochemical analysis and liver histopathology[J]. Food and Nutrition Sciences，5（2）：185-195.

Bøhn T，Primicerio R，Hessen D O，et al.，2008. Reduced fitness of *Daphnia magna* fed a Bt-transgenic maize variety[J]. Achieves of Environmental Contamination and Toxicology，55（4）：584-592.

Bøhn T，Rover C M，Semenchuk P，2016. *Daphnia magna* negatively affected by chronic exposure to purified Cry-toxins[J]. Food and Chemical Toxicology，91：130-140.

Bøhn T，Traavik T，Primicerio R，2010. Demographic responses of *Daphnia magna* fed transgenic Bt-maize[J]. Ecotoxicology，19（2）：419-430.

Bouchnak R，Steinberg C E W，2010. Modulation of longevity in *Daphnia magna* by food quality and simultaneous exposure to dissolved humic substances[J]. Limnologica，40（2）：86-91.

Breitenbach J，Nogueira M，Farré G，et al.，2016. Engineered maize as a source of astaxanthin：processing and application as fish feed[J]. Transgenic Research，25（6）：1-9.

Carstens K，Anderson J，Bachman P，et al.，2011. Genetically modified crops and aquatic ecosystems：considerations for environmental risk assessment and non-target organism testing[J]. Transgenic Research，21（4）：813-842.

Chambers C P, Whiles M R, Rosi-Marshall E J, et al., 2010. Responses of stream macroinvertebrates to Bt maize leaf detritus[J]. Ecological Applications, 20 (7): 1949-1960.

Cuhra M, Traavik T, Bøhn T, 2015. Life cycle differences in *Daphnia magna* fed Roundup-Ready soybean or conventional soybean or organic soybean[J]. Aquaculture Nutrition, 21 (5): 702-713.

Delaney B, Astwood J D, Cunny H, et al., 2008. Evaluation of protein safety in the context of agricultural biotechnology[J]. Food and Chemical Toxicology, 46 (2): 71-97.

DeMott W R, 1986. The role of taste in food selection by freshwater zooplankton[J]. Oecologia, 69(3): 334-340.

Domingo J L, 2016. Safety assessment of GM plants: An updated review of the scientific literature[J]. Food and Chemical Toxicology, 95: 12-18.

Douville M, Gagné F, André C, et al., 2009. Occurrence of the transgenic corn *cry1Ab* gene in fresh water mussels (*Elliptio complanata*) near corn fields: evidence of exposure by bacterial ingestion[J]. Ecotoxicology and Environmental Safety, 72 (1): 17-25.

Douville M, Gagné F, Blaise C, et al., 2007. Occurrence and persistence of *Bacillus thuringiensis* (Bt) and transgenic Bt corn *cry1Ab* gene from an aquatic environment[J]. Ecotoxicology and Environmental Safety, 66 (2): 195-203.

Duchet C, Coutellec M A, Franquet E, et al., 2010. Population-level effects of spinosad and *Bacillus thuringiensis israelensis* in *Daphnia pulex* and *Daphnia magna*: comparison of laboratory and field microcosm exposure conditions[J]. Ecotoxicology, 19 (7): 1224-1237.

Gophen M, Geller W, 1984. Filter mesh size and food particle uptake by *Daphnia*[J]. Oecologia, 64 (3): 408-412.

Heckmann L H, Callaghan A, Hooper H L, et al., 2007. Chronic toxicity of ibuprofen to *Daphnia magna*: effects on life history traits and population dynamics[J]. Toxicology Letters, 172 (3): 137-145.

Holderbaum D F, Cuhra M, Wickson F, et al., 2015. Chronic responses of *Daphnia magna* under dietary exposure to leaves of a transgenic (event MON810) Bt-Maize hybrid and its conventional near-isoline[J]. Journal of Toxicology and Environmental Health, Part A, 78 (15): 993-1007.

Levin L, Caswell H, Bridges T, et al., 1996. Demographic responses of estuarine polychaetes to pollutants: life table response experiments[J]. Ecological Applications, 6 (4): 1295-1313.

Mendelson M, Kough J, Vaituzis Z, et al., 2004. Are Bt crops safe? [J]. Nature Biotechnology, 21 (9): 1003-1009.

Müller-Navarra D C, 1995. Biochemical versus mineral limitation in *Daphnia*[J]. Limnology and Oceanography, 40 (7): 1209-1214.

OECD, 2012. OECD Guidelines for the Testing of Chemicals. *Daphnia magna*, Reproduction Test: Test Guideline No. 211[S]. Geneva: OECD.

Peters R H, 1984. Methods for the Study of Feeding, Filtering and Assimilation by Zooplankton[M]//Downing J A, Rigler F H. A Manual on Methods for the Assessment of Secondary Productivity in Fresh Waters. 2nd ed. Oxford: Blackwell Scientific Publications: 336-412.

Pryme I F, Lembcke R, 2003. *In vivo* studies on possible health consequences of genetically modified food and feed—with particular regard to ingredients consisting of genetically modified plant materials[J]. Nutrition and Health，17（1）：1-8.

Raybould A，Vlachos D，2011. Non-target organism effects tests on Vip3A and their application to the ecological risk assessment for cultivation of MIR162 maize[J]. Transgenic Research，20（3）：599-611.

Rischer H，Oksman-Caldentey K M，2006. Unintended effects in genetically modified crops：revealed by metabolomics?[J]. Trends in Biotechnology，24（3）：102-104.

Ronaldw H，2010. Utilization of plant proteins in fish diets：effects of global demand and supplies of fishmeal[J]. Aquaculture Research，41（5）：770-776.

Rosa E，Barata C，Damásio J，et al.，2006. Aquatic ecotoxicity of a pheromonal antagonist in *Daphnia magna* and *Desmodesmus subspicatus*[J]. Aquatic Toxicology，79（3）：296-303.

Rosi-Marshall E J，Tank J L，Royer T V，et al.，2007. Toxins in transgenic crop byproducts may affect headwater stream ecosystems[J]. Proceedings of the National Academy of Sciences of the United States of America，104（41）：16204-16208.

Séralini G E，Clair E，Mesnage R，et al.，2014. Long-term toxicity of a Roundup herbicide and a Roundup-tolerant genetically modified maize[J]. Environmental Sciences Europe，26（1）：1-14.

Stige L C，Hessen D O，Vøllestad L A，2004. Severe food stress has no detectable impact on developmental instability in *Daphnia magna*[J]. Oikos，107（3）：519-530.

Sturm A，Hansen P D，1999. Altered cholinesterase and monooxygenase levels in *Daphnia magna* and *Chironomus riparius* exposed to environmental pollutants[J]. Ecotoxicology and Environmental Safety，42（1）：9-15.

Tank J L，Rosi-Marshall E J，Royer T V，et al.，2010. Occurrence of maize detritus and a transgenic insecticidal protein（Cry1Ab）within the stream network of an agricultural landscape[J]. Proceedings of the National Academy of Sciences of the United States of America，107（41）：17645-17650.

Wolt J D，Keese P，Raybould A，et al.，2010. Problem formulation in the environmental risk assessment for genetically modified plants[J]. Transgenic Research，3（19）：425-436.

Zhang L，Guo R Q，Fang Z X，et al.，2016. Genetically modified rice Bt-Shanyou63 expressing Cry1Ab/c protein does not harm *Daphnia magna*[J]. Ecotoxicology and Environmental Safety，132：196-201.

（张莉　方志翔　余琪　刘标）

第7章 转基因玉米 DBN9936 花粉对
意大利蜜蜂的影响

7.1 引言

20世纪90年代以来，转基因作物的田间种植规模逐渐扩大，其中全球转基因玉米的种植面积在2019年超过6 070万 hm²，占全球转基因作物种植面积的31%（国际农业生物技术应用服务组织，2021）。我国虽然目前没有商业化种植转基因玉米，但每年从美国、巴西、阿根廷等国进口大量的转基因玉米。截至2019年8月，我国批准进口的转基因玉米转化体共计20个（焦悦等，2021）。随着我国转基因作物品种培育的不断推进，已有4个抗虫耐除草剂玉米获得生产应用安全证书，进入产业化推广新阶段。转基因作物的应用有效降低了农业生产人工成本，减少了农药使用量，提高了经济效益，但其在生态环境方面潜在的风险是制约其商业化种植的主要因素（戴小枫等，2008）。

传粉是维持植物种群繁衍的基础，统计表明全球75%的粮食作物和近90%的野生开花植物在一定程度上依赖动物传粉，全球粮食产量的35%依赖动物传粉（IPBES，2016）。在自然条件下，动物传粉者包括昆虫、鸟类、蝙蝠等，其中膜翅目蜜蜂总科（Apoidea）是最重要的昆虫传粉者（Ollerton，2017）。20世纪20年代，我国引进了意大利蜜蜂（*Apis mellifera ligustica*）。目前，我国饲养意大利蜜蜂的总群数大大超过中华蜜蜂（*Apis cerarta cerac*）。由于意大利蜜蜂的竞争，中华蜜蜂群体数量锐减、野外分布区域缩小，意大利蜜蜂已成为我国家养蜜蜂的主要部分，在大田作物昆虫介导传粉过程中起作用（余林生等，2008；杨冠煌，2005）。

玉米虽然主要通过风媒传粉，但在花期大量产生花粉，花粉也是蜜蜂食物中唯一的蛋白来源，一只成年工蜂每日最低需摄入3.4~4.3 mg 花粉（Brodschneider et al.，2010）。目前，转基因玉米花粉均有表达的外源蛋白存在，蜜蜂可通过采集和取食花粉而摄取转基因外源蛋白，因此通常将蜜蜂作为重要的指示物种进行转基因作物环境安全评价（姜媛媛等，2019）。本研究拟以目前农田常见的意大利蜜蜂成虫为研究对象，提取花粉中的可溶性物质，饲喂意大利蜜蜂，测定7天蜜蜂的存活率、中肠氧化还原酶活性、体内外源蛋白含量。

7.2　材料与方法

7.2.1　材料

转 *cry1Ab* 和 *epsps* 基因抗虫耐除草剂玉米 DBN9936 及其亲本 DBN318 玉米花粉由北京大北农生物技术有限公司提供，冷冻运输后放于–80℃冰箱中保存备用。与转基因玉米相同氨基酸序列的 Cry1Ab 和 EPSPS 纯蛋白也由北京大北农生物技术有限公司提供，纯度达到90%及以上。

7.2.2　实验动物

意大利蜜蜂（*Apis mellifera ligustica*）年轻成年工蜂为生态环境部南京环境科学研究所饲养的试验用蜜蜂。将蜜蜂随机分配到实验笼中，实验开始前使蜜蜂饥饿 2 h，以保证在实验开始时蜜蜂腹中食物含量相同。

7.2.3　实验设计

实验蜂笼为木制长方体框架（10 cm×8.5 cm×5.5 cm），上下两面为塑料网纱，通风良好。每个实验蜂笼中放蜜蜂 20 只，每个处理设 4 个重复。蜜蜂饲养温度为（25±2）℃，在湿度为50%～70%的黑暗条件下饲养。

将玉米花粉用液氮处理后研磨，显微镜检测后发现花粉粒已充分、完全破碎，再加入蒸馏水中充分混匀后，在 4℃下放置 30 min，高速离心后去掉沉淀，得到含有花粉中所有可溶物质（包括外源蛋白）的溶液，将此溶液真空冷冻浓缩处理，获得花粉中可溶物质的冻干粉。

每只意大利蜜蜂工蜂每天平均取食花粉约 6.5 mg 或蔗糖约 55 mg（Crailsheim et al.，1992；Rortais et al.，2005）。按照蜜蜂日取花粉剂量的 10 倍，将此冻干粉加入 50%蔗糖溶液中，即每毫升 50%蔗糖溶液中加入从 65 mg 花粉提取的冻干粉。

本实验用 50%蔗糖溶液作为空白对照，用含有 6.67 mg/L 三唑磷乳油的 50%蔗糖溶液作为阳性对照。

将上述各类蔗糖溶液人工饲料分别放于 EP 管内饲喂蜜蜂，EP 管盖中央有 1 个直径为 2 mm 的洞，蜜蜂通过此洞可以取食玻璃管中的人工饲料。

每个蜜蜂实验组中，放入两根玻璃管，每玻璃管加入 1.5 mL 含有各种不同受试物的蔗糖溶液，每天更换两次。在饲喂试验开始后每天记录死亡率，连续 7 天。试验过程中随时清理死亡蜜蜂个体，并注意观察蜜蜂振翅、取食等习性的变化。

7.2.4 蜜蜂中肠氧化还原酶活性测定

实验 7 天结束时，每重复取 4 只蜜蜂，用镊子镊住蜜蜂尾针后将整个肠道拉出，分离中肠，液氮研磨后加至 500 μL 0.9%的生理盐水中，充分混匀，转移至 1.5 mL EP 管中，离心 3 min，取样稀释后测定谷胱甘肽-S-转移酶（GST）和超氧化物歧化酶（SOD）活性，相关试剂盒购自 Sigma 公司。

7.2.5 花粉颗粒、提取物和蜜蜂体内外源蛋白含量的测定

花粉提取物和蜜蜂肠道提取物采用美国 Envirologix 公司 Cry1Ab/Cry1Ac 和 CP4-EPSPS 检测试剂盒测定，以纯蛋白制作标准曲线。

7.3 结果与分析

7.3.1 花粉提取物对意大利蜜蜂生存的影响

不同处理组意大利蜜蜂的存活率见表 7-1。本实验中，作为阳性对照的 50%蔗糖+6.67 mg/L 三唑磷组意大利蜜蜂在 1 天内的平均存活率仅为 27.50%，在 2 天内全部死亡，而 50%蔗糖组意大利蜜蜂在 2 天内的存活率为 92.50%，表明本实验的测试系统既能够保证意大利蜜蜂的正常生长，也可以测定出有毒物质对意大利蜜蜂的急性毒性效应。亲本玉米 DBN318 组、转基因玉米 DBN9936 组、50%蔗糖组这 3 组意大利蜜蜂连续 7 天的存活率均无显著差异，亲本玉米 DBN318 组和转基因玉米 DBN9936 组存活率的时间曲线变化基本一致，这说明转 cry1Ab 和 epsps 基因抗虫耐除草剂玉米花粉对意大利蜜蜂没有急性毒性效应。同时，各实验组意大利蜜蜂个体在活动能力和振翅音方面也未见显著差异。50%蔗糖组在实验后期（第 7 天）的存活率为 70%，低于 2 个玉米花粉组的存活率（分别为 82.5%和 80%），但差异未达显著水平。

表 7-1 不同处理组意大利蜜蜂的存活率　　　　　　　　　　　　单位：%

处理	时间/d						
	1	2	3	4	5	6	7
DBN9936	100.00a	95.00±4.71a	92.50±7.81a	90.00±6.67a	87.50±4.08a	85.00±4.71a	82.50±7.82a
DBN318	95.00±4.71a	92.50±4.08a	92.50±4.08a	87.50±4.08a	87.50±4.08a	82.50±4.08a	80.00±6.67a
50%蔗糖	97.50±4.08a	92.50±7.81a	90.00±6.67a	87.50±7.82a	82.50±4.08a	77.50±7.82a	70.00±11.54a
50%蔗糖+6.67 mg/L 三唑磷	27.50±13.94b	0b	—	—	—	—	—

注：同列不同小写字母表示差异显著（$P < 0.05$，Duncan 复极差检验）。
"—"表示该组意大利蜜蜂已全部死亡。

7.3.2 花粉提取物对意大利蜜蜂中肠氧化还原酶活性的影响

7 天实验结束后，取意大利蜜蜂中肠测定 GST 和 SOD 活性（结果见表 7-2）。亲本玉米 DBN318 组、转基因玉米 DBN9936 组、50%蔗糖组的这两种氧化还原酶活性均无显著性差异。

表 7-2　不同处理组意大利蜜蜂中肠氧化还原酶活性　　　　　单位：μmol/（g·min）

氧化还原酶	DBN9936	DBN318	50%蔗糖
GST	64.20±7.48a	56.73±7.84a	59.99±12.06a
SOD	155.78±23.08a	167.75±25.65a	160.12±36.89a

注：同行不同小写字母表示差异显著（$P<0.05$，Duncan 复极差检验）。

7.3.3 花粉颗粒、提取物和蜜蜂体内外源蛋白含量

外源蛋白的暴露剂量是本研究的关键。花粉由于细胞壁比较坚硬，在蜜蜂肠道内少量消化。本研究通过饲喂花粉可溶性全营养成分，既保证了实验动物的暴露剂量接近实验设计，又为蜜蜂提供了充足的蛋白质，保证了实验的可靠性。本研究中花粉颗粒、提取物和蜜蜂体内外源蛋白含量见表 7-3。

表 7-3　花粉颗粒、提取物和蜜蜂体内外源蛋白含量

外源蛋白种类	花粉颗粒/（μg/g 干重）	提取物/（μg/mL）	肠道组织/（μg/g）
Cry1Ab	64.20±7.48	36.73±7.84	6.99±3.06
CP4-EPSPS	521.43±85.32	296.39±74.64	68.33±18.73

7.4　讨论

在实验室条件下，一般通过直接或间接的方式将转基因杀虫蛋白或转基因植物组织饲喂给受试生物，以不含杀虫蛋白的饲料或非转基因植物组织为对照处理，通过对比分析不同处理下受试生物的生命表参数，明确转基因作物对受试生物的安全性。这是一种传统、简单，也最为有效的评价转基因作物对受试生物潜在影响的方法。

大量研究表明，取食混入的不同 Bt 蛋白（如 Cry1Ba、Cry-1Ah、Cry1Ab、Cry1Ac 和 Cry3B 等）对意大利蜜蜂没有显著的负面影响（Li et al.，2014；Dai et al.，2012a，2012b）。Malone 等（2001）先后进行了两次试验，研究了 Cry1Ba 蛋白对蜜蜂成虫的影响；试验中将混入 10 mg/g、2.5 mg/g、0.625 mg/g 及 0.25 mg/g Cry1Ba 杀虫蛋白的花粉饲料饲喂蜜蜂成虫，并以含有 2.5 mg/g 抑肽酶的花粉饲料作为阳性对照；结果显示，取食混入 Cry1Ba

蛋白的花粉对蜜蜂存活率、寿命及食物消耗速度均无显著性影响，而取食抑肽酶处理的花粉对蜜蜂存活率有显著影响。

中肠内分泌多种蛋白酶和解毒酶，是昆虫消化吸收的主要场所，也是杀虫蛋白的作用部位。Bt 蛋白进入昆虫肠道后，在蛋白酶作用下，原毒素被活化后使中肠膜细胞渗透压发生变化，引起穿孔，最终导致昆虫死亡。有研究表明，昆虫中肠蛋白酶的活性与 Bt 蛋白对昆虫的毒性密不可分，如氨肽酶是首个被报道的在 Bt 杀虫机制中起重要作用的毒素受体蛋白，而解毒酶在分解外源毒素过程中起重要作用。反之，昆虫取食 Bt 蛋白后可能会引起其体内保护酶［如超氧化物歧化酶（SOD）等］的活性发生变化（蒋晴等，2013）。将昆虫体内相关蛋白酶的活性作为转基因抗虫作物非靶标效应评价的参数之一。

蜜蜂的采集行为、学习行为和取食行为都可能直接或间接地影响蜜蜂种群的发育。在化学杀虫剂安全性评价中发现，杀虫剂可能影响蜜蜂间的舞蹈交流、对食物的访问频率以及采集蜂的回巢能力，而采集蜂数量的减少使得大量哺育蜂成为采集蜂，从而造成蜜蜂幼虫存活率下降，最终导致蜜蜂种群的衰败（Halm et al.，2006）。Dai 等（2012）通过大田网室研究了转 *cry1Ah* 基因玉米对意大利蜜蜂行为的影响，发现取食 Bt 玉米和非 Bt 玉米花粉的意大利蜜蜂工蜂群的采集行为（携粉率、采集花粉重量及采集蜂体重）没有显著性差异，且吻伸试验也没有发现取食转基因玉米对意大利蜜蜂嗅觉学习行为有负面影响。Han 等（2010）将转 *cry1Ac+CpTI* 棉花（CCRI41）花粉、蜂蜜和水按 7∶1∶2 比例混合后喂养西方蜜蜂 7 天，也发现取食转基因棉花花粉的蜜蜂取食行为受到影响，转基因花粉处理组的花粉消耗量明显比非转基因花粉组减少。虽然多个研究表明取食高剂量的 Bt 蛋白可影响蜜蜂的学习和取食行为，但截至目前，这种影响的生物学机制及可能带来的生态后果还不清楚。

7.5　结论

通过液氮研磨、冷冻干燥法提取花粉中包括外源蛋白在内的可溶性物质。将可溶性花粉提取物饲喂意大利蜜蜂（7 天）。相较亲本玉米，转 *cry1Ab* 和 *epsps* 基因抗虫耐除草剂玉米 DBN9936 对意大利蜜蜂存活率、中肠氧化还原酶活性无不利影响。

参考文献

戴小枫，吴孔明，万方浩，等，2008. 中国农业生物安全的科学问题与任务探讨[J]. 中国农业科学，（6）：1691-1699.

国际农业生物技术应用服务组织，2021. 2019 年全球生物技术/转基因作物商业化发展态势[J]. 中国生物工程杂志，41（1）：114-119.

蒋晴，苏宏华，杨益众，2013. 昆虫对 Bt 毒素的抗性与中肠蛋白酶、解毒酶及保护酶系活性的关系[J]. 环境昆虫学报，1：95-101.

姜媛媛，纪艺，来勇敏，等，2019. 转 *cry1Ab/cry2Aj* 基因玉米双抗 12-5 对意大利蜜蜂成虫的影响[J]. 浙江农业学报，31（11）：1834-1840.

焦悦，韩宇，杨桥，等，2021. 全球转基因玉米商业化发展态势概述及启示[J]. 生物技术通报，37（4）：164-176.

杨冠煌，2005. 引入西方蜜蜂对中蜂的危害及生态影响[J]. 昆虫学报，48（3）：401-406.

余林生，邹运鼎，曹义锋，等，2008. 意大利蜜蜂（*Apis mellifera ligustica*）与中华蜜蜂（*Apis cerana ceraca*）的生态位比较[J]. 生态学报，228（9）：4575-4581.

Brodschneider R，Crailsheim K，2010. Nutrition and health in honey bees[J]. Apidologie，41（3）：278-294.

Crailsheim K，Schneider L，Hrassnigg N，et al.，1992. Pollen consumption and utilization in worker honeybees（*Apis mellifera carnica*）：dependence on individual age and function[J]. Journal of Insect Physiology，38：409-419.

Dai P L，Zhou W，Zhang J，et al.，2012a. The effects of Bt Cry1Ah toxin on worker honeybees（*Apis mellifera ligustica* and *Apis cerana cerana*）[J]. Apidologie，43：384-391.

Dai P L，Zhou W，Zhang J，et al.，2012b. Field assessment of Bt *cry1Ah* corn pollen on the survival，development and behavior of *Apis mellifera ligustica*[J]. Ecotoxicology and Environmental Safety，79：232-237.

Halm M P，Rortais A，Arnold G，et al.，2006. New risk assessment approach for systemic insecticides：the case of the honey bees and imidacloprid（Gaucho）[J]. Environmental Science & Technology，40：2448-2454.

Han P，Niu C Y，Lei C L，et al.，2010. Quantification of toxins in a Cry1Ac+CpTI cotton cultivar and its potential effects on the honey bee *Apis mellifera* L.[J]. Ecotoxicology，19：1452-1459.

IPBES，2016. The assessment report of the Intergovernmental Science-Policy Platform on Biodiversity and Ecosystem Services on pollinators，pollination and food production[R].

Klein A M，Vaissiere B E，Cane J H，et al.，2007. Importance of pollinators in changing landscapes for world crops[J]. Proceedings of the Royal Society B-Biological Sciences，274（1608）：303-313.

Li Y H，Romeis J，Wu K M，et al.，2014. Tier-1 assays for assessing the toxicity of insecticidal proteins produced by genetically engineered plants to non-target arthropods[J]. Insect Science，21：125-134.

Malone L A，Burgess E P J，Gatehouse H S，et al.，2001. Effects of ingestion of a *Bacillus thuringiensis* toxin and a trypsin inhibitor on honey bee flight activity and longevity[J]. Apidologie，32：57-68.

Ollerton J，2017. Pollinator diversity：Distribution，ecological function，and conservation[J]. Annual Review of Ecology，Evolution，and Systematics，48：353-376.

Rortais A，Arnold G，Halm M P，et al.，2005. Modes of honeybees exposure to systemic insecticides：estimated amounts of contaminated pollen and nectar consumed by different categories of bees[J]. Apidologie，36：71-83.

Yang Y H，Yang Y J，Gao W Y，2008. Introgression of a disrupted cadherin gene enables susceptible *Helicoverpa armigera* to obtain resistance to *Bacillus thuringiensis* toxin Cry1Ac[J]. Bulletin of Entomological Research，99：175-181.

（沈文静　刘标　方志翔　张莉　刘来盘）

第 8 章　抗虫耐除草剂转基因玉米对
日本鹌鹑的影响

8.1　引言

转基因玉米生长的农田生态系统中存在着众多鸟类，诸如云雀（*Alaudida arvensis*）、喜鹊（*Pica pica*）、鹌鹑（*Coturnix coturnix*）等，这些鸟类在传播植物种子、控制害虫、维护生态系统平衡等方面起到了重要作用。转基因作物种植过程中，田间鸟类可以自由取食转基因作物的种子或果实，进而在体内消化和吸收转基因成分，经过新陈代谢又可将其通过粪便在自然中传播（刘燕等，2017）。因此，转基因作物的安全评价需考虑相关农作物对鸟类的潜在风险。

目前，已有一些研究者开展了转基因饲料对鸟类的饲用安全性评价研究。这些研究者主要集中于对鸡的研究（Taylor et al.，2005；McNaughton et al.，2007；Scheideler et al.，2008；Lu et al.，2013；Ma et al.，2013；Halle et al.，2014；Jacobs et al.，2015；詹腾飞等，2019）。相较于鸡，鹌鹑体型更小、发育时间更短，且鹌鹑在世界范围内分布广泛，欧洲、非洲、东亚等地均有野生鹌鹑栖息，具有丰富的种群多样性和遗传多样性（Sharma et al.，2000；Kawahara-Miki et al.，2013；吴胜军等，2016）。起源于野生鹌鹑的家养鹌鹑是肉、蛋和实验动物材料的重要来源，具有很高的经济价值。日本鹌鹑（*Coturnix japonica*）作为驯化过程形成的优良品种，具有抵抗力高、繁殖能力强、世代间隔短、易于饲养等诸多优点（Randall et al.，2008；Jatoi et al.，2015；Ghayas et al.，2017；Mnisi et al.，2018），已作为模型动物在遗传学、生理学等多学科领域广泛应用（Huss et al.，2008；Agathe et al.，2012；Mahmoud et al.，2019）。转基因作物应用于饲料领域后，一些研究者也开始关注转基因作物饲料对鹌鹑的影响，但这些研究主要报道了单一性状的转 *cry1Ab* 基因玉米饲料和转 *epsps* 基因耐除草剂大豆对鹌鹑生长和生产性能（Sartowska et al.，2012）或免疫的影响（Scholtz et al.，2010），而对鹌鹑血液指标、器官健康和功能相关的研究还比较少（刘燕等，2017）。

中国一直高度重视转基因技术研究与应用。经过近 20 年的发展，已获得多个具有自主知识产权，涉及抗虫、耐除草剂和植酸酶等性状的转基因玉米优良转化体，近年在复合性状新品种培育上也取得了阶段性成果（沈平等，2016；黎裕等，2018）。DBN9936 作为复合性状转化体，对玉米螟、东方粘虫、桃蛀螟等害虫和草甘膦除草剂具有较好的抗性。DBN9936 是新的转化体，根据中国和欧盟等国家及地区对新研发的转基因作物转化体个案评估原则，仍需要根据亚慢性毒性试验对其安全性进行评价，且 DBN9936 同时具有抗虫和耐除草剂两种特性，目前同时表达两种外源蛋白的转基因玉米对鹌鹑饲喂的安全性研究还未见报道。本研究即以日本鹌鹑作为实验鸟种，评价抗虫耐除草剂转基因玉米对鹌鹑的安全性，旨在为 DBN9936 转基因玉米饲用安全性以及预测该转基因玉米商业化种植后可能对农田生态系统鸟类的影响提供科学数据。

8.2　试验方法

8.2.1　玉米及玉米饲料

以北京大北农生物技术有限公司提供的转基因玉米 DBN9936 籽粒及其亲本玉米 DBN318 籽粒为原料，制作鹌鹑饲料。转基因玉米 DBN9936 为自主研发品系，插入外源 *cry1Ab* 基因和 *epsps* 基因，同时具有抗虫特性和耐除草剂特性。

玉米以 22%的剂量添加到鹌鹑饲料中，鹌鹑饲料由南京市青龙山动物繁殖场配制，饲料制成品为圆柱状颗粒体，直径为 2 mm，长度为 2～3 mm，质地松软，易于鹌鹑食用。对于制成的鹌鹑饲料，采用玉米 Cry1Ab 和 EPSPS 检测试剂盒（Envirologix）对随机选取的 3 份 DBN9936 和 DBN318 饲料进行 Cry1Ab 和 EPSPS 蛋白测定，结果显示 DBN9936 饲料组两种蛋白的表达量分别为（0.41±0.09）μg/g 和（11.57±0.24）μg/g，DBN318 饲料组检测结果均显示阴性。

饲料营养成分由江苏省理化测试中心检测。检测参考标准包括《饲料中粗蛋白测定方法》（GB/T 6432—1994）、《饲料中粗脂肪的测定》（GB/T 6433—2006）、《饲料中水分的测定》（GB/T 6435—2014）、《饲料中粗纤维的含量测定过滤法》（GB/T 6434—2006）、《饲料中粗灰分的测定》（GB/T 6438—2007）、《饲料中总磷的测定　分光光度法》（GB/T 6437—2002）、《饲料中钙的测定》（GB/T 6436—2002）。经测定，两种玉米饲料的蛋白质、脂肪、淀粉以及主要矿物质元素含量一致（$P > 0.05$）。

8.2.2　实验动物

日本鹌鹑购于南京青龙山鹌鹑养殖基地，10 日龄，适应性饲喂 7 天后用于实验。本研究共设置商品化饲料组、DBN318 饲料组和 DBN9936 饲料组 3 个处理。选取 90 羽健康活泼的鹌鹑，随机分配到 3 个处理组中，每组 3 个重复，每个重复为 1 笼，含有 10 羽鹌鹑，雌雄各半。各处理组动物均采用不锈钢笼饲养，每笼每日定时投料两次（9：00，14：00），每次 200 g，鹌鹑通过自由采食装置摄取饮用水和饲料，每日清理一次粪盘。饲养室温度为（24±2）℃，光暗比 12 h：12 h，相对湿度为 50%～70%，气流速度为 0.13～0.18 m/min，室内换气次数为 8～15 次/min。室内每天用 0.2%过氧乙酸喷洒墙壁、架子，地面用 0.1%新洁尔灭清洁处理。

8.2.3 检测指标

8.2.3.1 体重

实验期间每天观察并记录动物的一般行为、毒性表现和死亡情况。每周记录各组实验动物体重。

8.2.3.2 产蛋性能

当鹌鹑开始产蛋时，每天定时将蛋移出饲养笼，记录各处理组鹌鹑蛋数和蛋重。

8.2.3.3 血常规和血清生理生化

饲喂鹌鹑 49 天后，每处理每笼随机挑选雌雄鹌鹑各 1 羽，测定鹌鹑的血液指标和血清生理生化指标。在鹌鹑禁食 24 h 后，采用巴比妥酸盐麻醉，使用静脉采血法抽取鹌鹑血液。用于血常规检测的血液样本放置于含抗凝剂乙二胺四乙酸二钾（ethylenediaminetet-raacetic acid dipotassium salt dihydrate，EDTA-K2）的离心管中。用于血生化检测的血清样本于室温放置 2 h，在室温下 3 000 r/min 离心 10 min，吸取上层血清于新的离心管中。血常规指标包括白细胞计数（white blood cell，WBC）、红细胞计数（red blood cell，RBC）、血红蛋白（hemoglobin，HGB）、红细胞压积（hematocrit value，HCT）、红细胞平均体积（mean corpuscular volume，MCV）、平均血红蛋白量（mean corpuscular hemoglobin，MCH）、血红蛋白分布宽度（hemoglobin distribution width，HDW）、血小板（blood platelet，PLT）、平均血小板体积（mean platelet volume，MPV）、平均红细胞血红蛋白浓度（average red blood cell hemoglobin content，MCHC），在血球分析系统（ADVIA120，Bayer）进行测试，在显微镜（Olympus CX41，日本）下人工计数。

血清生理生化指标包括丙氨酸氨基转换酶（alanine aminotransferase，ALT）、天门冬氨酸氨基转换酶（glutamyl transpeptidase，AST）、总蛋白含量（total protein，TP）、白蛋白（albumin，ALB）、总胆红素（total bilirubin，TBIL）、碱性磷酸酶（alkaline phosphatase，ALP）、尿素氮（blood urea nitrogen，BUN）、肌酐（creatinine，CREA）、胆固醇（cholesterol，CHOL）和甘油三酯（triglyceride，TG），在全自动生化分析仪（Xpand，Dimension）上测定。

8.2.3.4 脏器系数和组织病理学检查

解剖取各组鹌鹑的心、脑、肝、肾、肺、胃、大肠、小肠、脾、雌性动物子宫及卵巢、雄性动物睾丸及附睾器官，称重后，取一部分用于 Cry1Ab 蛋白和 EPSPS 蛋白检测，另一部分用 4%多聚甲醛固定后，使用自动脱水机进行程序化脱水，常规石蜡包埋、切片为 6 μm，HE 染色，光镜下（Nikon Eclipse E600，×200）观察各器官有无出血、血栓、血管充血、炎性细胞浸润和器官增生、萎缩和变性等病理改变。脏器系数=器官重量/体重×100%，器官重量、体重单位为 g。

8.2.3.5 Cry1Ab 蛋白和 EPSPS 蛋白在鹌鹑组织、全蛋、粪便中的残留

分别取血液、心脏、肝脏、胃、小肠、大肠等组织样品和全蛋、粪便样品，用于样品中 Cry1Ab 和 EPSPS 蛋白测定。测定时，取 0.5 g 样品，使用动物组织和血样总蛋白提取试剂盒提取样品总蛋白后，用 BSA 法测定样品蛋白含量，用 SDS-PAGE 和 Western Blot 方法检测组织中 Cry1Ab 和 EPSPS 蛋白片段。测定中以 DBN9936 转基因玉米提取的总蛋白为阳性对照，使用双色红外激光成像系统（Odyssey CLX）显示结果。

8.3 试验结果

8.3.1 体重

49 天试验期间，各组动物生长发育良好；在整个试验期内，DBN9936 饲料组、DBN318 饲料组和商品化饲料组的所有鹌鹑摄食正常，活动自如，精神状态良好，口、眼、鼻无异常分泌物，进食及饮水良好，整个试验期内未出现个体死亡的情况。试验期内鹌鹑体重变化情况见图 8-1。各组鹌鹑生长趋势保持一致，从第 14 天开始，商品化饲料组雌性鹌鹑体重较两个玉米饲料组高，但未达到显著性差异水平；其他时间内，不同处理组雌性鹌鹑和雄性鹌鹑体重基本一致，各处理组鹌鹑体重均无显著性差异（$P > 0.05$）。

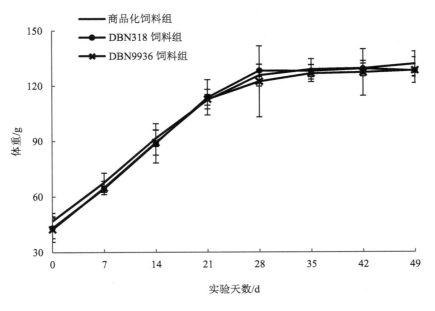

（a）雄性

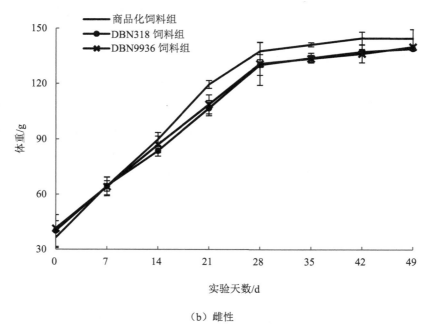

（b）雌性

图 8-1 不同饲料处理组鹌鹑体重变化

8.3.2 血液指标、器官指数和器官病理

8.3.2.1 血常规

不同处理组鹌鹑 49 天全血血常规指标见表 8-1。饲喂转基因玉米饲料的雄性鹌鹑和雌性鹌鹑的全血生理指标中，白细胞计数、红细胞计数、红细胞压积、血红蛋白、红细胞平均体积、平均血红蛋白量、血红蛋白分布宽度、平均血小板体积等指标与饲喂亲本玉米饲料的鹌鹑无显著差异（$P > 0.05$）。试验期间，仅雄性鹌鹑平均红细胞血红蛋白浓度和雌性鹌鹑血红蛋白在商品化饲料组和 DBN318 饲料组之间有显著性差异，但 DBN318 饲料组和 DBN9936 饲料组鹌鹑在血常规指标上无显著差异。

表 8-1 不同饲料处理组鹌鹑血常规

	指标	商品化饲料组	DBN318 饲料组	DBN9936 饲料组
雄性	WBC/（10^9 个/L）	803.91±47.07a	761.07±13.52a	707.73±84.38a
	RBC/（10^9 个/L）	2.84±0.10a	2.84±0.24a	2.76±0.25a
	HGB/（g/dL）	12.37±1.72a	12.03±2.61a	10.13±0.97a
	HCT/%	31.1±3.03a	27.3±1.80a	28.63±2.41a
	MCV/fL	109.16±6.99a	105.87±4.12a	103.93±2.01a
	MCH/pg	43.43±4.52a	39.47±1.36a	36.83±1.07a
	MCHC/（g/dL）	39.70±1.73a	37.93±0.95ab	35.43±0.45b

	指标	商品化饲料组	DBN318 饲料组	DBN9936 饲料组
雄性	CHCM/（g/dL）	35.76±0.76a	35.03±1.27a	34.06±0.51a
	HDW/（g/dL）	9.86±0.44a	9.76±0.42a	9.76±0.29a
	PLT/（10⁹ 个/L）	312.00±79.95a	288.00±128.36a	300.33±41.10a
	MPV/fL	40.40±6.56a	34.67±5.92a	37.63±1.15a
雌性	WBC/（10⁹ 个/L）	759.60±147.01a	843.56±36.71a	655.26±79.55a
	RBC/（10⁹ 个/L）	3.04±0.19a	3.15±0.41a	2.59±0.54a
	HGB/（g/dL）	13.77±1.52a	12.3±0.78ab	10.13±1.70b
	HCT/%	33.93±2.39a	33.8±1.92a	28.73±6.39a
	MCV/fL	117.10±3.65a	110.36±4.27a	110.50±2.65a
	MCH/pg	42.53±1.38a	42.06±1.38a	39.46±2.02a
	MCHC/（g/dL）	37.20±0.82a	37.33±1.17a	35.73±2.02a
	HDW/（g/dL）	10.14±0.35a	10.24±0.66a	10.03±0.27a
	PLT/（10⁹ 个/L）	335.33±308.87a	362.33±339.53a	400.00±367.26a
	MPV/fL	35.16±2.55a	39.63±4.78a	34.73±8.93a

注：数据以平均值±标准差表示，下同。同一行相同字母表示无显著性差异，下同。

8.3.2.2　血清生理生化

本试验测定了鹌鹑血清中丙氨酸氨基转换酶、天门冬氨酸氨基转换酶、碱性磷酸酶 3 种酶的活性，以及尿素氮、肌酐和胆固醇等指标的含量。各处理组鹌鹑血清生理生化指标数据见表 8-2。由表 8-2 中数据可知，在所检测的 10 个血清生理生化指标中，仅有雄性鹌鹑的碱性磷酸酶和胆固醇指标在 DBN318 饲料组和 DBN9936 饲料组之间有显著性差异（$P < 0.05$），但该数据在雌性鹌鹑间无显著差异，并且其他指标在 DBN318 饲料组和 DBN9936 饲料组间均无显著性差异（$P > 0.05$）。由此推测，碱性磷酸酶和胆固醇指标在雄性鹌鹑之间的差异可能为偶然差异。

表 8-2　不同饲料处理组鹌鹑血清生化

	指标	商品化饲料组	DBN318 饲料组	DBN9936 饲料组
雄性	ALT/（U/L）	4.98±0.27a	4.90±0.31a	4.94±0.32a
	AST/（U/L）	270.67±14.57a	274.33±19.60a	310.33±43.61a
	TP/（g/L）	28.97±0.29a	26.07±0.89a	25.60±3.08a
	ALB/（g/L）	13.27±0.29a	11.13±0.50b	10.23±0.38b
	TBIL/（μmol/L）	6.70±0.57a	5.00±2.64a	5.30±1.15a
	ALP/（U/L）	164.00±3.46a	147.00±4.00b	156.67±4.04a
	BUN/（mmol/L）	0.83±0.35a	0.73±0.21a	1.17±0.15a
	CREA/（μmol/L）	8.33±0.58a	9.67±1.53a	7.00±1.00a
	CHOL/（mmol/L）	5.04±0.75ab	5.17±0.27a	4.03±0.02b
	TG/（mmol/L）	1.13±0.37a	1.47±0.22a	2.27±1.68a

	指标	商品化饲料组	DBN318 饲料组	DBN9936 饲料组
雌性	ALT/（U/L）	5.57±1.02a	5.12±1.06a	4.58±0.50a
	AST/（U/L）	333.00±52.42a	344.67±177.65a	194.67±70.44a
	TP/（g/L）	37.03.±11.99a	33.57±11.49a	26.17±5.06a
	ALB/（g/L）	15.47±4.82a	13.43±4.15a	10.73±2.06a
	TBIL/（μmol/L）	7.00±0.17a	8.00±0.17a	6.00±2.64a
	ALP/（U/L）	172.00±23.64a	146.00±10.00a	154.00±27.05a
	BUN/（mmol/L）	1.67±0.57a	1.33±0.95a	0.80±0.36a
	CREA/（μmol/L）	5.67±2.31a	8.33±0.58a	6.67±2.08a
	CHOL/（mmol/L）	4.78±0.62a	4.67±1.75a	3.58±0.61a
	TG/（mmol/L）	5.46±0.73a	2.50±1.98a	4.44±3.57a

8.3.2.3　脏器系数和病理学检查

如表 8-3 所示，不同饲料饲喂处理下，脏器系数在商品化饲料组、DBN318 饲料组和DBN9936 饲料组鹌鹑之间均无显著性差异。

表 8-3　不同饲料处理组鹌鹑脏器系数

	器官	商品化饲料组	DBN318 饲料组	DBN9936 饲料组
雄性	脑	0.66±0.12a	0.56±0.04a	0.58±0.07a
	心脏	0.97±0.10a	0.93±0.09a	1.00±0.28a
	肝脏	1.93±0.58a	1.81±0.52a	1.64±0.26a
	肺脏	1.07±0.33a	1.19±0.22a	1.19±0.44a
	脾脏	0.03±0.006a	0.05±0.02a	0.03±0.005a
	肾	0.57±0.21a	0.72±0.27a	0.74±0.16a
雌性	脑	0.52±0.01a	0.51±0.07a	0.49±0.04a
	心脏	0.59±0.03a	0.82±0.08a	0.73±0.16a
	肝脏	2.55±0.83a	2.29±0.37a	1.84±0.37a
	肺脏	0.84±0.04a	0.92±0.15a	0.77±0.09a
	脾脏	0.03±0.001a	0.04±0.02a	0.05±0.03a
	肾	0.83±0.07a	0.72±0.04a	0.80±0.21a

查看各处理组鹌鹑器官外观后，观察各器官组织显微结构变化，以探明器官是否出现组织病理学损伤。如图 8-2 所示，各处理组心脏肌纤维横纹清楚，无变性、坏死、萎缩、肥大或炎症细胞浸润等病变；肝脏中央静脉、肝小叶、汇管区显示正常；肺脏无肿胀、充血、质地变硬等症状；肾脏结构正常，肾小管和肾小球结构清晰，轮廓明显，肾小球的

囊腔中也没有渗出液和增生变化；脾脏被膜完整，未见增厚且结构正常；小肠发育正常，小肠绒毛和隐窝深度无异常情况；睾丸和卵巢组织在显微镜下也没有呈现细胞变性坏死等情况。

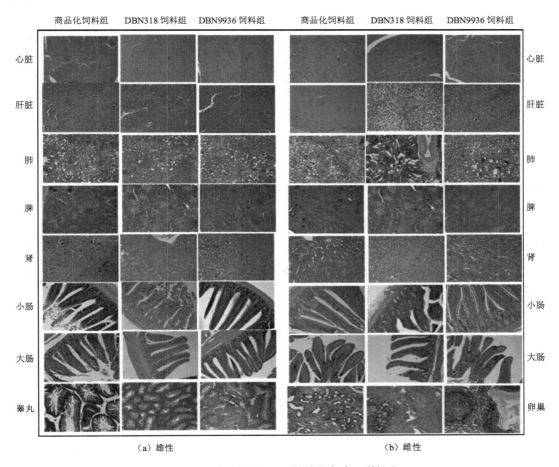

图8-2　不同饲料处理组鹌鹑器官病理学检查

8.3.3　产蛋性能和蛋营养品质

试验至第 34 天时（龄期 45 天），鹌鹑开始产蛋。自此日开始，每天记录各处理组鹌鹑产蛋情况，并测定鹌鹑蛋主要营养成分。表 8-4 为试验期间各处理组鹌鹑产蛋情况。试验期间，商品化饲料组鹌鹑产蛋率较两个玉米饲料组高，蛋重较玉米饲料组低，但均未达到显著性差异水平（$P>0.05$）。各处理组鹌鹑蛋水分、蛋白质、脂肪等主要营养成分均无显著差异（Tuskey's test，$P>0.05$）。

表 8-4　不同饲料处理组鹌鹑产蛋性能和蛋营养品质

		商品化饲料组	DBN318 饲料组	DBN9936 饲料组
产蛋性能	产蛋率/%	57.14±14.28a	48.57±2.85a	48.23±5.26a
	蛋重/g	9.51±0.25a	10.23±0.34a	9.96±0.17a
蛋主要营养成分	水分/%	70.71±0.64a	70.94±1.59a	70.61±0.64a
	蛋白质/%	9.17±0.92a	9.92±0.68a	10.50±0.69a
	脂肪/%	13.61±1.20a	13.03±1.62a	12.8±0.95a
	卵磷脂/%	814.67±44.71a	786.20±39.14a	781.4±35.05a
	胆固醇/（μg/100 g）	13.26±0.70a	13.1±0.17a	12.26±1.04a
	维生素 B2/（mg/kg）	0.73±0.04a	0.76±0.03a	0.79±0.04a

8.3.4　Cry1Ab 蛋白和 EPSPS 蛋白在鹌鹑组织、全蛋、粪便中残留的检测

鹌鹑组织样品、蛋样品、粪便样品中 Cry1Ab 蛋白和 EPSPS 蛋白 Western Blot 检测结果见图 8-3 所示。阳性对照转基因玉米样品中可检测到 Cry1Ab 蛋白和 EPSPS 蛋白条带，而 DBN9936 饲料组鹌鹑和 DBN318 饲料组鹌鹑血液、心脏、肝脏等组织样品均未检测到 Cry1Ab 蛋白和 EPSPS 蛋白残留，粪便和全蛋样品中也未检测到外源蛋白片段。

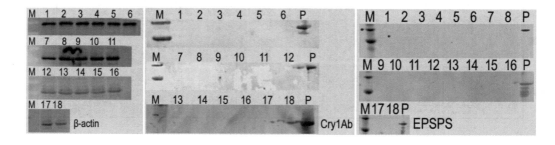

样品信息：M 为 Marker；1、3、5、7、9、11、13、15、17 分别为 DBN318 饲料组鹌鹑血液、心脏、肝脏、肺、脾、小肠、大肠、粪便、蛋样品；2、4、6、8、10、12、14、16、18 分别为 DBN9936 饲料组鹌鹑血液、心脏、肝脏、肺、脾、小肠、大肠、粪便、蛋样品；P 为阳性对照。

图 8-3　不同饲料处理组鹌鹑组织、全蛋、粪便中 Cry1Ab 蛋白和 EPSPS 蛋白检测

8.4　讨论

转基因作物及其产品以其独有的优势在世界粮食和饲料资源中扮演着越来越重要的角色，全球转基因植物 70%～90% 的生物量为动物所消耗（Sahoo，2012）。因此，对转基因作物饲用安全性进行客观准确评价具有重要意义。禽类作为重要农业生产资料，是肉、蛋产品的重要来源，人们不仅关注转基因产品是否会影响禽类生长、健康，还关注转基因

成分是否会在肉、蛋等产品中产生残留。因此，以禽类为研究对象进行转基因作物的饲用安全性评价研究时，不仅应关注饲喂转基因作物饲料一段时间后，禽类动物的生长、繁殖和肉质是否受到影响，还应关注外源转基因成分在体内被消化和累积的情况。本研究以日本鹌鹑为研究对象，用添加 22% 的抗虫耐草甘膦转基因玉米 DBN9936 和非转基因对照 DBN318 玉米饲料饲喂鹌鹑 49 天，研究鹌鹑幼龄到成熟期生长过程中其生长发育、产蛋和外源 Cry1Ab 蛋白及 EPSPS 蛋白在鹌鹑组织中的残留情况。

8.4.1　生长性能

49 天饲喂实验期内，与亲本对照 DBN318 饲料组相比，转基因玉米 DBN9936 饲料组鹌鹑体重无显著性差异。Sartowska 等（2012）使用转 *cry1Ab* 基因玉米 MON810 和转 *cp4-epsps* 耐除草剂转基因大豆 RR 饲喂两世代日本鹌鹑，发现鹌鹑生长良好，体重与亲本玉米组没有差异；刘燕等（2017）使用转 *cp4-epsps* 耐除草剂转基因大豆 J9331 饲喂朝鲜鹌鹑 90 天，也发现鹌鹑生长性能良好，转 *cp4-epsps* 基因大豆未对鹌鹑体重产生任何不利影响，上述研究结果与本研究结果一致；李泽阳等（2015）使用转 *cry1Ab/1Ac* 基因糙米饲喂两个世代日本鹌鹑、陈松等（1996）使用转 *Bt* 基因抗虫棉籽粉饲喂鹌鹑 8 天，也得到了相似的结论。本研究与其他研究者的结果表明，摄入转基因饲料后鹌鹑生长良好，鹌鹑体重未受到影响。

8.4.2　血液指标、器官指数和器官病理

血常规检验能反映动物机体循环系统及免疫系统的功能状态。测定血液中的一些酶和蛋白质等指标能间接了解动物机体健康状况，一些早期病变即可通过血液生化指标反映出来。在本研究中，11 个血常规指标中，仅雄性鹌鹑平均红细胞血红蛋白浓度和雌性鹌鹑血红蛋白在商品化饲料组和 DBN318 饲料组之间有显著性差异，但 DBN318 饲料组和 DBN9936 饲料组鹌鹑在血常规指标上无显著差异。10 个血清生理生化指标中，仅雄性鹌鹑的碱性磷酸酶和胆固醇指标在 DBN318 饲料组和 DBN9936 饲料组之间有显著性差异（$P < 0.05$），但该数据在雌性鹌鹑间无显著差异，并且其他指标在 DBN318 饲料组和 DBN9936 饲料组间均无显著性差异（$P > 0.05$）。由此推测，碱性磷酸酶和胆固醇指标在雄性鹌鹑之间的差异可能为偶然差异，与鹌鹑是否摄入 DBN9936 饲料无关。

在各处理组鹌鹑脏器外观和组织病理检验中，仅商品化饲料组鹌鹑出现一例脂肪肝，DBN318 饲料组和 DBN9936 饲料组鹌鹑器官外观均显示正常，各处理组鹌鹑心、脾、肺、肾和脑等组织在光学显微镜下并未呈现明显的病理改变。对于脏器系数，商品化饲料组与玉米组相比，除 DBN318 饲料组雌性鹌鹑卵巢指数与商品化饲料组、DBN9936 饲料组有显著性差异（$P < 0.05$），其他脏器系数在商品化饲料组、DBN318 饲料组和 DBN9936 饲料组鹌鹑之间均无显著性差异。刘燕等（2017）使用转 *cp4-epsps* 耐除草剂转基因 J9331

大豆饲喂朝鲜鹌鹑后，仅总胆红素（TBIL）、肌酐（CREA）指标与亲本对照大豆组有差异，研究者认为是偶然差异。李泽阳等（2015）使用转 *cry1Ab/1Ac* 基因糙米饲喂两世代日本鹌鹑后，亲代鹌鹑和子代鹌鹑脏器系数与亲本糙米饲喂鹌鹑无显著性差异。本研究结果与上述文献报道一致，说明饲喂转基因饲料后，不会对实验鹌鹑血液指标和脏器系数产生影响。

8.4.3　产蛋性能和蛋营养品质

49 天测试期内，各处理组鹌鹑蛋重和产蛋率相当，蛋水分、蛋白质、脂肪等主要营养成分无显著差异。Sartowska 等（2012）使用转 *cry1Ab* 基因玉米 MON810 饲料和转 *epsps* 耐除草剂转基因大豆 RR 饲喂两世代日本鹌鹑，发现产蛋性能等在不同饲料组间表现相似（无统计学差异），肌肉和蛋黄的营养成分在转基因饲料组和亲本饲料组略有差异。在该文作者后续开展的转基因饲料对日本鹌鹑长期影响研究中（Sartowska et al.，2015），分别用转 *epsps* 耐除草剂大豆 RR 和转 *cry1Ab* 基因玉米 MON810 饲料连续饲喂 10 代鹌鹑后，转 *cry1Ab* 基因玉米组鹌鹑产蛋性能、蛋营养品质与对照组无显著差异，转 *epsps* 耐除草剂大豆组产蛋率和亲本大豆组无显著差异，平均蛋重显著低于对照组（$P<0.05$）；尽管在一些指标上转基因组和对照组存在差异，但研究者认为这些差异可能是环境、取样等造成的偶然差异，认为饲喂转基因饲料没有对鹌鹑产蛋性能和蛋营养品质产生影响（Sartowska et al.，2012，2015），这与本研究结论相一致。与 Sartowska 等（2012，2015）关注转基因饲料对鹌鹑的长期效应不同，本研究以幼龄鹌鹑为研究对象，更关注鹌鹑幼龄期至初产蛋这一快速生长时期。研究表明 DBN318 饲料组和 DBN9936 饲料组鹌鹑在产蛋数、产蛋率、蛋重和蛋营养成分等各项指标上均无显著差异（Tuskey's test，$P>0.05$），说明摄入转基因玉米不会对鹌鹑产蛋性能和蛋营养品质产生影响。

8.4.4　组织器官中外源蛋白残留检测

转基因饲料中的外源成分在畜禽体内的消解和转移是转基因饲料安全性评价的重要环节，也是人们非常关心的食品安全问题。通过 49 天的试验，本研究对鹌鹑静脉血、心脏、肝脏等组织器官和全蛋、粪便进行 Western Blot 检测，没有在相应组织或蛋、粪便样品中检测到 Cry1Ab 蛋白或 EPSPS 蛋白。Jennings 等（2003）使用转 *cry1Ab* 基因玉米饲喂肉鸡 42 天后，用 ELISA 免疫分析法，未在肉鸡肌肉组织中检测到 Cry1Ab 蛋白。Ash 等（2003）使用相同的方法，也未在饲喂转 *epsps* 基因耐除草剂大豆的肉鸡全蛋、肝脏和粪便样品中检测到 EPSPS 蛋白。Ma 等（2013）使用转 *phyA2* 玉米饲料饲喂蛋鸡 16 周后，用 Western Blot 方法检测到 PhyA2 蛋白存在于十二指肠内容物和空肠内容物中，但在蛋鸡血液、心脏、肝脏等组织和蛋、粪便样品中未检测到 PhyA2 蛋白。上述研究者使用转基因饲料饲喂鸡后，均未在组织样品、蛋和粪便样品中检测到外源蛋白，与本研究结果一致，说明摄入转基因饲料后，转基因外源蛋白易在动物肠道中消化降解；动物体在吸收营养成分过程中，血液、内脏组织、肌肉组织中不会发生外源蛋白的转移和残留。一些对鹌鹑、肉鸡、蛋鸡等家禽饲喂转基因饲料后外源基因残留的检测也表明，转基因外源 DNA 未在组织中残留（Aeschbacher et al.，2005；Deaville et al.，2005；Flachowsky et al.，2005；Świątkiewicz et al.，2010；Korwin-Kossakowska et al.，2013；Ma et al.，2013）。由以上研究可以发现，转基因作物中外源成分转移到动物器官中的风险比较小，这可能也是转基因作物饲料未在饲喂期内对实验动物生长、免疫、组织器官、繁殖等产生不良影响的原因。

使用 DBN9936 转基因玉米饲料饲喂日本鹌鹑 49 天后，鹌鹑生长发育良好，体重、血常规、血液生理生化、脏器系数与亲本对照 DBN318 饲料组无显著性差异，组织器官未观察到病理损伤；蛋重、产蛋率和蛋营养成分与亲本玉米组无显著性差异；未在血液、心脏、肝脏等组织和蛋、粪便中检测到转基因外源蛋白。本研究结果与其他研究者使用转基因饲料饲喂鸡、鹌鹑的结果一致（Kan et al.，2004；Taylor et al.，2005；Scheideler et al.，2008；Ma et al.，2013；Halle et al.，2014；Jacobs et al.，2015），说明转基因饲料没有对这些鸟类的生长、繁殖产生不利影响，转基因饲料中外源成分没有增加鸟类健康风险。值得注意的是，当前转基因作物对鸟类的饲用安全性评价研究中，研究者通常将作物加工成饲料后再进行饲喂实验，而饲料的加工过程可能会影响转基因成分完整性（Chiter et al.，2000；Kharazmi et al.，2003），且自然生态系统中鸟类通常是直接取食新鲜果实或籽粒，因此今后还可开展未经加工的新鲜籽粒对鸟类饲喂的安全性评价。另外，除关注转基因饲料对鸟类生长、生殖、产蛋等的影响外，转基因作物饲料应用后对鸟类其他潜在影响的评价，如饲喂转基因饲料的鸟类肠道微生物健康、排泄物对环境的影响，有助于更为全面地评价转基因作物饲料及其副产品的饲喂安全性。

参考文献

吴胜军，庞有志，2016. 鹌鹑遗传多样性研究进展[J]. 家禽科学，（3）：47-52.

陈松，黄骏麒，周宝良，等，1996. 转 *Bt* 基因抗虫棉棉籽安全性评价——大鼠、鹌鹑毒性试验[J]. 江苏农业学报，1（2）：17-22.

国际农业生物技术应用服务组织，2018. 2017 年全球生物技术/转基因作物商业化发展态势[J]. 中国生物工程杂志，38（6）：1-8.

黎裕，王天宇，2018. 玉米转基因技术研发与应用现状及展望[J]. 玉米科学，26（2）：1-15.

李泽阳，冯京海，周明，等，2015. 连续饲喂转 *cry1Ab/1Ac* 基因糙米对 2 个世代鹌鹑生长发育的影响[J]. 动物营养学报，27（7）：2168-2175.

刘燕，章嫡妮，于赐刚，等，2017. 转 CP4-EPSPS 基因耐草甘膦除草剂大豆中作 J9331 喂养鹌鹑 90 d 亚慢性毒理学研究[J]. 农业生物技术学报，25（3）：451-460.

沈平，章秋艳，林友华，等，2016. 推进我国转基因玉米产业化的思考[J]. 中国生物工程杂志，36（4）：

24-29.

詹腾飞，韩云胜，汤超华，等，2019. 富维生素 E 转基因玉米对肉鸡生长性能、生化指标及抗氧化功能的影响[J]. 中国畜牧兽医，46（9）：2608-2617.

Aeschbacher K，Messikommer R，Meile L，et al.，2005. Bt176 corn in poultry nutrition：Physiological characteristics and fate of recombinant plant DNA in chickens[J]. Poultry Science，84（3）：385-394.

Agathe L，Houdelier C，Christophe P，et al.，2012. Japanese quail's genetic background modulates effects of chronic stress on emotional reactivity but not spatial learning[J]. PLoS ONE，7（10）：e47475.

An X N，Liu Z J，Yang J，et al.，2013. Analysis of nutrient composition in naturally green eggs from Changbai Mountain area[J]. Food Science，34（4）：178-182.

Ash J，Novak C，Scheideler S E，2003. The Fate of genetically modified protein from Roundup Ready soybeans in laying hens[J]. Journal of Applied Poultry Research，12（2）：242-245.

Chiter A，Forbes J M，Blair G E，2000. DNA stability in plant tissues：implications for the possible transfer of genes from genetically modified food[J]. FEBS Letters，481（2）：164-168.

Deaville E R，Maddison B C，2005. Detection of transgenic and endogenous plant DNA fragments in the blood，tissues，and digesta of broilers[J]. Journal of Agricultural and Food Chemistry，53（26）：10268-10275.

Flachowsky G，Halle I，Aulrich K，2005. Long term feeding of Bt corn-a ten generation study with quails[J]. Archives of Animal Nutrition，59（6）：449-451.

Flachowsky G，Schafft H，Meyer U，2012. Animal feeding studies for nutritional and safety assessments of feeds from genetically modified plants：a review[J]. Journal of Consumer Protection and Food Safety，7（3）：179-194.

Ghayas A，Hussain J，Mahmud A，et al.，2017. Productive performance，egg quality，and hatching traits of Japanese quail reared under different levels of glycerin[J]. Poultry Science，96（7）：2226-2232.

Guertler P，Paul V，Steinke K，et al.，2010. Long-term feeding of genetically modified corn（MON810）—fate of *cry1Ab* DNA and recombinant protein during the metabolism of the dairy cow[J]. Livestock Science，131（2）：250-259.

Halle I，Flachowsky G，2014. A four-generation feeding study with genetically modified（Bt）maize in laying hens[J]. Journal of Animal and Feed Sciences，23（1）：58-63.

Huss D，Poynter G，Lansford R，2008. Japanese quail（*Coturnix japonica*）as a laboratory animal model[J]. Lab Animal，37（11）：513-519.

Jacobs C M，Utterback P L，Parsons C M，et al.，2015. Performance of laying hens fed diets containing DAS-59122-7 maize grain compared with diets containing nontransgenic maize grain[J]. Poultry Science，87（3）：475-479.

Jafari M，Norouzi P，Malboobi M A，et al.，2009. Enhanced resistance to a lepidopteran pest in transgenic sugar beet plants expressing synthetic *cry1Ab* gene[J]. Euphytica，165（2）：333-344.

Jatoi A S，Sahota A W，Akram M，et al.，2015. Egg quality characteristics as influenced by different body sizes in four close-bred flocks of Japanese quails（*Coturnix coturnix japonica*）[J]. Journal of Animal and Plant Sciences，25（4）：935-940.

Jennings J，Albee L，Kolwyck D，et al.，2003. Attempts to detect transgenic and endogenous plant DNA and transgenic protein in muscle from broilers fed YieldGard Corn Borer Corn[J]. Poultry Science，82（3）：371-380.

Kan C A，Hartnell G F，2004. Evaluation of broiler performance when fed insect-protected，control，or commercial varieties of dehulled soybean meal[J]. Poultry Science，83（12）：2029-2038.

Kawahara-Miki R，Sano S，Nunome M，et al.，2013. Next-generation sequencing reveals genomic features in the Japanese quail[J]. Genomics，101（6）：345-353.

Kharazmi M，Bauer T，Hammes W P，et al.，2003. Effect of food processing on the fate of DNA with regard to degradation and transformation capability in *Bacillus subtilis*[J]. Systematic and Applied Microbiology，26（4）：495-501.

Korwin-kossakowska A，Sartowska K，Linkiewicz A，2013. Evaluation of the effect of genetically modified Roundup Ready soya bean and MON 810 maize in the diet of Japanese quail on chosen aspects of their productivity and retention of transgenic DNA in tissues[J]. Archiv Fur Tierzucht—Archives of Animal Breeding，60：597-606.

Leeson S，Caston L J，2003. Vitamin enrichment of eggs[J]. Journal of Applied Poultry Research，12（1）：24-26.

Lu L，Guo J，Li S F，et al.，2013. Influence of phytase transgenic corn on the intestinal microflora and the fate of transgenic DNA and protein in digesta and tissues of broilers[J]. PLoS One，10（11）：e0143408.

Ma Q G，Guo C H，Zhang J Y，et al.，2013. Detection of transgenic and endogenous plant DNA fragments and proteins in the digesta，blood，tissues，and eggs of laying hens fed with phytase transgenic corn[J]. PLoS One，8（4）：e61138.

Mahmoud G，Ahmad H，Mehran M，2019. Pre-cecal phosphorus digestibility for corn，wheat，soybean meal，and corn gluten meal in growing Japanese quails from 28 to 32 d of age[J]. Animal Nutrition，（2）：148-151.

McNaughton J，Roberts M，Smith B，et al.，2007. Comparison of broiler performance when fed diets containing event DP-356Ø43-5（Optimum GAT）nontransgenic near-isoline control or commercial reference soybean meal，hulls and oil[J]. Poultry Science，86：2569-2581.

Mnisi C M，Mlambo V，2018. Growth performance，haematology，serum biochemistry and meat quality characteristics of Japanese quail（*Coturnix japonica*）fed canola meal-based diets[J]. Animal Nutrition，4（1）：37-43.

National Research Council，1994. Nutrient Requirements of Poultry[M]. 9th ed.Washington，DC：The National Academies Press.

Okunuki H，Teshima R，Shigeta T，et al.，2002. Increased digestibility of two products in genetically modified food（CP4-EPSPS and Cry1Ab）after preheating[J]. Food Hygiene and Safety Science（Shokuhin Eiseigaku Zasshi），43（2）：68.

Randall M，Bolla G，2008. Rasing Japanese quail[J]. Primefacts，602：1-5.

Sahoo A，2012. Genetically Modified Feeds：An overview[C]. ISSGPU National Seminar 2012：22-23.

Sartowska K E，Korwin-Kossakowska A，Sender G，et al.，2012. The impact of genetically modified plants in the diet of Japanese quails on performance traits and the nutritional value of meat and eggs—preliminary results[J]. Archiv Fur Geflugelkunde，76（2）：140-144.

Sartowska K E，Korwin-Kossakowska A，Sender G，2015. Genetically modified crops in a 10-generation feeding trial on Japanese quails—Evaluation of its influence on birds' performance and body composition[J]. Poultry Science，94（12）：2909-2916.

Scheideler S E，Rice D，Smith B，et al.，2008. Evaluation of nutritional equivalency of corn grain from DAS-O15O7-1（Herculex*I）in the diets of laying hens[J]. Journal of Applied Poultry Research，17（3）：383-389.

Scholtz N D，Halle I，Dänicke S，et al.，2010. Effects of an active immunization on the immune response of laying Japanese quail（*Coturnix coturnix japonica*）fed with or without genetically modified *Bacillus thuringiensis*-maize[J]. Poultry Science，89（6）：1122-1128.

Sharma D，Rao K B C，Totey S M，2000. Measurement of within and between population genetic variability in quails[J]. British Poultry Science，41（1）：29-32.

Sun H，Lee E J，Samaraweera H，et al.，2013. Effects of increasing concentrations of corn distillers dried grains with solubles on chemical composition and nutrient content of egg[J]. Poultry Science，92（1）：233-242.

Świątkiewicz S，Twardowska M，Markowski J，et al.，2010. Fate of transgenic DNA from Bt corn and Roundup Ready soybean meal in broilers fed GMO feed[J]. Bulletin of the Veterinary Institute in Pulawy，54：237-242.

Taylor M L，Hartnell G，Nemeth M，et al.，2005. Comparison of broiler performance when fed diets containing corn grain with insect-protected（corn rootworm and European corn borer）and herbicide-tolerant（glyphosate）traits，control corn，or commercial reference corn-revisited[J]. Poultry Science，84（4）：587-593.

Wang J P，Lee J H，Yoo J S，et al.，2010. Effects of phenyllactic acid on growth performance，intestinal microbiota，relative organ weight，blood characteristics，and meat quality of broiler chicks[J]. Poultry Science，89（7）：1549-1555.

Zhang Z F，Zhou T X，Ao X，et al.，2012. Effects of β-glucan and *Bacillus subtilis* on growth performance，blood profiles，relative organ weight and meat quality in broilers fed maize-soybean meal based diets[J]. Livestock Science，150（1-3）：419-424.

（张莉　沈文静　刘来盘　刘标）

第9章 转基因抗虫耐除草剂玉米C0063.3对田间节肢动物多样性的影响

9.1 引言

虽然转基因玉米在我国尚未被批准商业化种植，但相关的研究早在1997年就已开展，目前我国已有一批拥有自主知识产权的转基因玉米材料，有4个转基因玉米材料获得了转基因作物生产应用安全证书（中华人民共和国农业农村部，2021）。然而，将转基因作物释放至外界环境中将面临一系列安全风险，包括基因漂移、转基因作物杂草化以及生态系统失衡等（吴孔明等，2014；Hong et al.，2017），因此有必要在转基因作物商业化推广前对其环境安全性进行评价。

转基因作物的生态安全性问题涉及转基因作物的种植是否会将外源基因转移到非转基因植物中，是否会破坏原有的生态平衡，并改变物种间的竞争关系和生物多样性等（刘华锋等，2013）。部分研究表明，抗虫或耐除草剂转基因玉米不会对田间非靶标生物的多样性产生影响（马燕婕等，2019；陈彦君等，2021）。然而也有研究认为转基因作物的种植会对田间非靶标生物产生影响，如转 Bt 抗虫棉在杀死其靶标害虫棉铃虫的同时，对其他非靶标鳞翅目害虫（如斜纹夜蛾等）亦有控制效果，与非转基因作物田相比，转 Bt 基因棉田间刺吸式害虫数量上升，寄生性天敌数量下降（崔金杰等，1998；薛堃等，2008），而且转基因抗虫棉对枯萎病、黄萎病的抗性亦显著低于常规棉（李孝刚等，2009；刘标等，2016）。以上研究表明，转基因作物对生物多样性的影响因转基因作物受体类型、外源基因以及待评价非靶标生物种类的不同而异，因此对于任何转基因作物品种来说，其安全性评价工作都应遵循"个案"（case by case）原则（刘标等，2016）。

本研究旨在通过调查转 vip3Aa19 和 pat 基因抗虫耐除草剂玉米 C0063.3、受体品种 DBN567 和喷施除草剂草铵膦的转化体 C0063.3 的田间节肢动物种类和数量，计算节肢动物群落的丰富度、多样性指数、均匀性指数和优势集中性指数等指标，分析比较各玉米材料间节肢动物群落发生、发展的动态变化趋势，据此确定转化体玉米品种对田间节肢动物的生物多样性是否产生影响及影响程度如何。

9.2 材料与方法

9.2.1 材料

本试验的试验材料及处理见表 9-1。

表 9-1 生物多样性试验处理

试验处理	试验材料	处理
1	受体品种 DBN567	未喷施
2	转化体 C0063.3	未喷施
3	转化体 C0063.3	喷施草铵膦除草剂

试验采用随机区组排列和地块设置。小区面积为 150 m^2（10 m×15 m），小区间设有 1.0 m 宽的隔离带。玉米按条播的方式进行播种，行距 60 cm，株距 25 cm。本试验全生育期不喷施杀虫剂。实验处理包括喷施除草剂［参考有关专利，剂量为 2 倍剂量，将除草剂草铵膦 420 g/hm^2（每公顷有效成分克数）的浓度定为 1 倍剂量］与未喷施除草剂的转基因玉米，以及未喷施除草剂的受体玉米品种。每个实验处理重复 3 次。

9.2.2 试验依据

本试验对玉米天敌（如瓢虫、草蛉、小花蝽、食蚜蝇和蜘蛛等）、田间主要害虫（如叶甲、蚜虫等）以及其他中性昆虫（如蜜蜂等）进行检测、评价。参照的依据是中华人民共和国国家标准农业部 953 号公告-11.4-2007、《转基因玉米环境安全监测技术规范　第 3 部分：对生物多样性影响的检测》（NY/T 720.3—2003）和《转基因植物及其产品环境安全检测抗虫玉米　第 4 部分：生物多样性影响》（农业部 953 号公告-10.4-2007）。

9.2.3 对节肢动物多样性的影响

对不喷施除草剂的转化体、受体品种及喷施草铵膦除草剂的转化体玉米进行全生育期调查。采用对角线 5 点取样。通过直接观察法调查植株上节肢动物的种类和数量。从定苗 10 天至成熟，每 7 天调查 1 次，每取样点调查 10 株玉米。记录玉米植株上所有节肢动物的种类及其发育阶段。对田间不能识别的种类进行编号，带回室内鉴定。

用节肢动物群落的丰富度、多样性指数、均匀性指数和优势集中性指数 4 个指标，分析各玉米材料田间节肢动物群落、害虫和天敌亚群落的发生、发展趋势，以此确定转化体、喷施除草剂转化体对田间节肢动物生物多样性是否产生影响。

节肢动物群落的多样性指数计算方法如下：

$$H = -\sum_{i=1}^{s} P_i \ln P_i \qquad (9\text{-}1)$$

式中：H——多样性指数；

　　　$P_i = N_i / N$；

　　　N_i——第 i 个物种的个体数；

　　　N——总个体数。

节肢动物群落的均匀性指数按式（9-2）计算：

$$J = H / \ln S \qquad (9\text{-}2)$$

式中：J——均匀性指数；

　　　H——多样性指数；

　　　S——物种数。

节肢动物群落的优势集中性指数按式（9-3）计算：

$$C = \sum_{i=1}^{n} (N_i / N)^2 \qquad (9\text{-}3)$$

式中：C——优势集中性指数；

　　　N_i——第 i 个物种的个体数；

　　　N——总个体数。

以上指数计算结果均保留 2 位小数。

9.3　结果

9.3.1　对节肢动物功能团的影响

在吉林省调查发现，受体和不同处理的转化体田中，节肢动物种类无显著差异；在田间节肢动物群落的丰富度、多样性指数、均匀性指数、优势集中性指数 4 个指标上，差异均不显著。说明转化体及喷施除草剂的转化体对田间节肢动物多样性无显著影响。

本研究通过对供试玉米材料在 2020 年生长期内田间的节肢动物种类进行调查，发现玉米植株上的节肢动物种群由 11 目、26 科组成（见表 9-2）。

2020 年玉米生育期内主要功能团中的个体数量见表 9-3。从表 9-3 可以看出，3 种处理中的主要害虫是蚜虫和叶甲类害虫，主要天敌为瓢虫和草蛉等捕食性昆虫。转化体和喷施除草剂转化体处理在鳞翅目害虫的发生量上要低于受体品种。在喷施除草剂转化体与转化体上，蚜虫发生量差异不显著，但在受体和转化体上，蚜虫发生量具有显著差异。

表 9-2 节肢动物目、科组成

目	科	目	科
鳞翅目（Lepidoptera）	螟蛾科（Pyralidae）	双翅目（Diptera）	食蚜蝇科（Syrphidae）
	夜蛾科（Noctuidae）		蚊科（Formicidae）
同翅目（Homoptera）	蚜科（Aphididae）		蝇科（Muscidae）
	叶蝉科（Cicadellidae）		食虫虻科（Asilidae）
	粉虱科（Aleyrodidae）	缨翅目（Thysanoptera）	蓟马科（Thripidae）
半翅目（Hemiptera）	盲蝽科（Miridae）	啮虫目（Corrodentia）	啮虫科（Psocidae）
	花蝽科（Anthocoridae）	膜翅目（Hymenoptera）	蚁科（Formicidae）
	蝽科（Pentatomidae）		蜜蜂科（Apidae）
鞘翅目（Coleoptera）	丽金龟科（Rutelidae）	蜘蛛目（Araneida）	跳蛛科（Lycosodae）
	象甲科（Curculionoidae）		球蛛科（Theridiidae）
	叶甲科（Chrysomelidae）		蟹蛛科（Thomisidae）
	瓢虫科（Coccinellidae）		圆蛛科（Linyphiidae）
脉翅目（Neuroptera）	草蛉科（Chrysopidae）	真螨目（Acariformes）	叶螨科（Tetranychidae）

表 9-3 生育期主要功能团的平均数

功能团类别		功能团的平均数/（头/100 株）		
		受体	转化体	喷施除草剂转化体
主要害虫	鳞翅目	341.33±12.70a	193.33±25.32ab	182.00±17.09b
	叶甲	1184.67±84.13a	1250.67±146.00a	1257.33±28.73a
	蚜虫	8431.33±287.23a	7802.67±178.24b	8137.33±349.8ab
	叶蝉	209.33±17.47a	180.67±16.17a	194.00±18.00a
捕食性天敌	瓢虫	1181.33±233.59a	1171.33±105.1a	1103.33±86.01a
	小花蝽	298.00±34.64a	309.33±59.54a	326.67±12.06a
	草蛉	425.33±54.31a	386.00±6.00a	434.00±22.72a
	啮虫	66.67±34.43a	69.33±8.08a	84.67±27.23a

注：表中同行字母相同表示不同玉米材料及处理间差异不显著（$P>0.05$），下同。

9.3.2 对节肢动物丰富度的影响

调查不同时期受体、转化体和喷施除草剂转化体田间节肢动物物种数，具体结果见表 9-4。可以看出，转化体与受体、喷施除草剂转化体在田间节肢动物物种丰富度方面的变化趋势相似，呈先上升后略微下降的趋势。3 种处理田间节肢动物物种数均是从调查初期的较低水平先上升，至 7 月上旬达到最大值，随后趋于稳定；8 月下旬气温降低，3 种处理的节肢动物物种数都开始下降。通过整个玉米生育期的调查，3 种处理的节肢动物物种数无显著差异。

表 9-4　不同玉米材料田间节肢动物物种数

材料	日期											
	6 月 17 日	6 月 24 日	7 月 1 日	7 月 8 日	7 月 15 日	7 月 22 日	7 月 29 日	8 月 5 日	8 月 12 日	8 月 19 日	8 月 25 日	9 月 1 日
受体	8.33± 2.08a	13.67± 1.53a	18.00± 1.00a	17.33± 1.53a	21.00± 1.00a	18.33± 0.58a	19.33± 0.58a	17.33± 0.58a	18.33± 2.08a	16.33± 0.58a	15.00± 0.00a	16.00± 1.00a
转化体	8.33± 0.58a	13.00± 1.73a	18.00± 1.00a	18.33± 1.15a	20.00± 1.00a	18.00± 1.00a	18.67± 0.58a	17.00± 3.00a	16.00± 1.00a	15.33± 1.15a	14.33± 1.15a	14.67± 1.15a
喷施除草剂转化体	9.00± 1.73a	12.33± 1.15a	17.33± 0.58a	18.00± 2.00a	20.67± 0.58a	18.33± 1.53a	18.67± 1.53a	16.33± 2.52a	17.33± 0.58a	15.33± 0.58a	13.33± 1.15a	14.67± 1.53a

9.3.3　对节肢动物群落多样性的影响

多样性指数反映了农田系统中节肢动物的发生动态，也反映了该系统中节肢动物物种的丰富度。在一定范围内，多样性指数越大，群落的稳定性就越强。

通过 9.2.3 的公式，对调查数据进行分析，得到受体与转化体、喷施除草剂转化体的田间节肢动物群落多样性指数（见表 9-5）。在 7 月 1 日，农田系统中节肢动物群落的多样性指数最高；3 种处理的多样性指数在 7 月底均出现较为明显的下降，结合具体调查情况来看，此时为双斑萤叶甲的为害盛期。随后，节肢动物群落多样性指数又小幅上升。

从整体上看，转化体、受体和喷施除草剂转化体的田间节肢动物群落多样性变化趋势一致，说明转化体、喷施除草剂转化体对田间节肢动物群落多样性无不利影响。

表 9-5　不同玉米材料田间节肢动物群落多样性指数

材料	日期											
	6 月 17 日	6 月 24 日	7 月 1 日	7 月 8 日	7 月 15 日	7 月 22 日	7 月 29 日	8 月 5 日	8 月 12 日	8 月 19 日	8 月 25 日	9 月 1 日
受体	1.91± 0.02a	2.32± 0.12a	2.67± 0.07a	2.40± 0.10a	2.22± 0.05a	2.04± 0.04a	1.88± 0.02a	1.81± 0.03a	1.78± 0.06a	1.92± 0.08a	2.12± 0.06a	2.34± 0.05a
转化体	1.93± 0.22a	2.35± 0.08a	2.65± 0.02a	2.30± 0.20a	2.08± 0.05a	2.05± 0.06a	1.93± 0.06a	1.84± 0.08a	1.83± 0.06a	1.91± 0.11a	2.07± 0.11a	2.38± 0.08a
喷施除草剂转化体	1.89± 0.19a	2.26± 0.07a	2.64± 0.06a	2.32± 0.29a	2.09± 0.11a	1.98± 0.02a	1.90± 0.03a	1.84± 0.07a	1.78± 0.02a	1.84± 0.05a	2.08± 0.04a	2.33± 0.05a

注：表中同列字母相同表示不同玉米材料及处理间差异不显著（$P>0.05$）。

9.3.4　对节肢动物群落优势集中性的影响

优势集中性指数反映的是节肢动物群落中种类的优势度总体情况。

通过 9.2.3 的公式，对调查数据进行分析，得到受体与转化体、喷施除草剂转化体的田间节肢动物群落优势集中性指数（见表 9-6）。7 月 1 日出现最低值，在此调查时间，节肢动物群落多样性较高，节肢动物群落的优势种类不明显。此后，3 个处理田间节肢动物群落的优势集中性指数呈上升趋势，在 8 月 12 日达到最高峰，田间节肢动物群落集中在玉米蚜虫上，这与 3 种处理田间节肢动物群落的多样性指数变化相符合。

表 9-6　不同玉米材料田间节肢动物群落优势集中性指数

材料	日期											
	6月 17日	6月 24日	7月 1日	7月 8日	7月 15日	7月 22日	7月 29日	8月 5日	8月 12日	8月 19日	8月 25日	9月 1日
受体	0.17± 0.01a	0.11± 0.01a	0.08± 0.01a	0.13± 0.03a	0.17± 0.01a	0.19± 0.01a	0.21± 0.00a	0.25± 0.01a	0.26± 0.01a	0.23± 0.02a	0.17± 0.01a	0.11± 0.00a
转化体	0.17± 0.03a	0.11± 0.01a	0.08± 0.00a	0.16± 0.05a	0.20± 0.02a	0.18± 0.02a	0.21± 0.01a	0.25± 0.02a	0.26± 0.01a	0.23± 0.03a	0.19± 0.04a	0.12± 0.01a
喷施除草 剂转化体	0.19± 0.03a	0.12± 0.01a	0.08± 0.00a	0.16± 0.08a	0.19± 0.03a	0.20± 0.01a	0.21± 0.01a	0.24± 0.02a	0.26± 0.01a	0.25± 0.01a	0.17± 0.01a	0.12± 0.00a

可以看出，转化体与受体、喷施除草剂转化体的田间节肢动物群落优势集中性变化趋势基本一致，呈下降—上升—下降的趋势，且转化体、喷施除草剂转化体对节肢动物群落优势集中性无显著影响。

9.3.5　对节肢动物群落均匀性的影响

均匀性指数反映的是节肢动物群落中各物种数量的均一性。

通过 9.2.3 的公式，对调查数据进行分析，得到受体与转化体、喷施除草剂转化体的田间节肢动物均匀性指数（见表 9-7）。可以看出，受体、转化体、喷施除草剂转化体的田间节肢动物群落均匀性变化趋势大体一致，呈降低—升高的趋势。在 6 月的两次调查中，由于节肢动物种类和数量较少，整体趋势平稳。7 月呈下降趋势。在 7 月下旬至 8 月上旬出现一个低谷，是蚜虫和双斑萤叶甲暴发引起的。7 月 15 日，转化体与受体具有显著性差异，在其余时间转化体、喷施除草剂转化体与受体品种的节肢动物群落均匀性无显著差异。

表 9-7　不同玉米材料田间节肢动物群落均匀性指数

材料	日期											
	6月17日	6月24日	7月1日	7月8日	7月15日	7月22日	7月29日	8月5日	8月12日	8月19日	8月25日	9月1日
受体	0.90±0.03ab	0.91±0.00a	0.92±0.02a	0.83±0.02a	0.74±0.03a	0.71±0.02a	0.64±0.01a	0.64±0.05a	0.64±0.02a	0.70±0.03a	0.80±0.03a	0.87±0.01a
转化体	0.92±0.01a	0.90±0.02a	0.92±0.01a	0.81±0.05a	0.68±0.01b	0.70±0.02a	0.65±0.02a	0.64±0.02a	0.63±0.01a	0.68±0.05a	0.76±0.04a	0.86±0.01a
喷施除草剂转化体	0.86±0.03b	0.90±0.02a	0.93±0.02a	0.80±0.08a	0.69±0.03ab	0.68±0.03a	0.65±0.02a	0.66±0.02a	0.62±0.01a	0.67±0.01a	0.80±0.03a	0.87±0.02a

由以上数据可以看出，受体、转化体、喷施除草剂转化体品种的田间节肢动物群落物种数、多样性指数、均匀性指数和优势集中性指数的大小因调查时间而异，但各指标随时间动态变化的趋势基本一致。除 7 月 15 日，转化体、喷施除草剂转化体与受体的田间节肢动物群落均匀性指数无显著性差异。

9.4　讨论

本研究以转基因抗虫抗草铵膦玉米为研究对象，通过调查玉米生育期田间节肢动物群落的消长动态，发现转基因玉米 C0063.3 与其受体 DBN567 相比，物种丰富度和群落多样性指数、优势集中性指数、均匀性指数等几个指数表示的群落性质不存在显著差异。在对各个功能群进行分析时发现，C0063.3 两个处理田间害虫中鳞翅目害虫的数量显著少于受体 DBN567；转化体 C0063.3 蚜虫发生量较受体品种有所上升。根据本次调查结果，转基因玉米 C0063.3 具有鳞翅目害虫抗性，转入抗虫基因 *vip3Aa* 后的鳞翅目抗性特征有所体现；转基因玉米 C0063.3 在大田种植中对节肢动物群落的影响除表现出鳞翅目害虫抗性外，与受体品种 DBN567 基本一致。

近年来，国内外在转基因作物的安全性方面已经取得较大进展，先后研究了转基因抗虫棉花、转基因抗虫水稻以及转基因耐除草剂大豆等对节肢动物群落结构的影响（姜伟丽等，2014）。国内研究最多的是转 *Bt* 基因抗虫棉对害虫和天敌的影响；由于转基因玉米在中国尚未被批准商业化种植，所以转基因玉米对节肢动物多样性影响的研究较少。从已有的研究来看，大多数的试验结果都支持转基因玉米对非靶标节肢动物多样性的影响较小。例如，Truter 等（2014）调查比较了南非转 *Bt* 基因玉米和非转基因玉米田中的节肢动物多样性，发现二者在生物多样性和物种丰度等方面无显著差异；Cerevkova 等（2015）对转基因抗虫玉米田中的土壤线虫群落结构进行了取样研究，结果未发现显著影响；Habustova 等（2015）通过连续 3 年对转 *Bt* 基因玉米和非转基因玉米田中地表节肢动物的抽样监测，在生物量和物种丰度等方面未发现显著差异；王柏凤（2014）通过对 3 种转基因玉米（Bt38、MON89034 和 C63）及其对照品种的调查研究，发现转基因玉米短期内并未对跳虫优势类群产生不利影响，也没有改变其分布规律。另外，针对我国自主研发的转基因抗虫或耐除草剂玉米，相关大田试验均显示转基因玉米田间节肢动物群落结构与受体品系和常规种相比无显著差异，转基因玉米对田间节肢动物多样性无显著影响（任振涛等，2017；何浩鹏等，2018；张洵铭等，2018）。

然而，也有转基因作物会对田间生物多样性产生影响的报道。崔金杰等（1998，2000）的研究表明与对照中棉所 16 相比，转 *Bt* 基因抗虫棉 R936 在麦套夏播条件下昆虫群落、害虫和天敌亚群落的多样性指数和均匀性指数均降低，而优势集中性显著升高；Lu 等（2010）通过对转基因棉花和多种其他作物混种区域的长期观测发现，转 *Bt* 基因棉田中盲蝽种群因为杀虫剂使用的减少而逐步增大，成为棉田害虫优势种。以上结果表明转基因作物对生物多样性的影响因转基因类型及评价对象而异，因此，其环境安全评价应遵循"个案分析"原则。

本研究调查玉米受体 DBN567、转 *vip3Aa19* 和 *pat* 基因抗虫耐除草剂玉米 C0063.3 以及喷施除草剂草铵膦的转化体对田间节肢动物群落多样性的影响，结果显示：受体与转化体及喷施除草剂转化体在田间节肢动物群落的物种数、多样性指数、均匀性指数、优势集中性指数方面均无显著差异，随调查时间的推移，节肢动物群落发生、发展的动态趋势基本一致。上述结果说明：转化体及喷施除草剂转化体对田间节肢动物群落的多样性及非靶标生物功能团无显著影响。

参考文献

孙越，刘秀霞，李丽莉，等，2015. 兼抗虫、除草剂、干旱转基因玉米的获得和鉴定[J]. 中国农业科学，48（2）：215-228.

国际农业生物技术应用服务组织，2021. 2019 年全球生物技术/转基因作物商业化发展态势[J]. 中国生物工程杂志，41（1）：114-119.

沈平，章秋艳，林友华，等，2016. 推进我国转基因玉米产业化的思考[J]. 中国生物工程杂志，36（4）：24-29.

中华人民共和国农业农村部，2021. 转基因权威关注[EB/OL]. http://www.moa.gov.cn/ztzl/zjyqwgz/spxx/.

吴孔明，刘海军，2014. 中国转基因作物的环境安全评介与风险管理[J]. 华中农业大学学报，33（6）：112-114.

刘华锋，沈海滨，2013. 浅谈转基因技术对生物多样性的影响——从转基因食品谈起[J]. 世界环境，（4）：34-38.

任振涛，沈文静，刘标，等，2017. 转基因玉米对田间节肢动物群落多样性的影响[J]. 中国农业科学，50（12）：2315-2325.

何浩鹏，任振涛，沈文静，等，2018. 耐除草剂转基因玉米对田间节肢动物群落多样性的影响[J]. 生态与农村环境学报，34（4）：333-341.

张洵铭，崔彦泽，王柏凤，等，2018. 转 Cry1Ab/Cry2Aj 和 G10 evo-EPSPS 基因玉米 12-5 对田间节肢动物群落的影响[J]. 延边大学农学学报，40（3）：27-33.

马燕婕，何浩鹏，沈文静，等，2019. 转基因玉米对田间节肢动物群落多样性的影响[J]. 生物多样性，27（4）：419-432.

陈彦君，李俊生，闫冰，等，2021. 转 *Cry1Ah* 基因抗虫玉米 HGK60 对生物多样性的影响[J]. 环境科学研究，34（4）：964-975.

崔金杰，夏敬源，1998. 麦套夏播转 *Bt* 基因棉田主要害虫及其天敌的发生规律[J]. 棉花学报，5：255-262.

薛堃，张文国，2008. 转基因植物的非靶标效应——以转 *Bt* 基因棉为例[J]. 中央民族大学学报：自然科学版，S1：40-50.

李孝刚，刘标，刘兑兑，等，2009. 转基因抗虫棉根系分泌物对棉花黄萎病菌生长的影响[J]. 应用生态学报，20（1）：157-162.

刘标，韩娟，薛堃，2016. 转基因植物环境监测进展[J]. 生态学报，36（9）：2490-2496.

姜伟丽，马小艳，彭军，等，2014. 转基因抗草甘膦抗虫棉田害虫群落多样性季节动态研究[J]. 棉花学报，26（2）：105-112.

王柏凤，2014. 转基因玉米对跳虫的影响[D]. 北京：中国科学院.

崔金杰，夏敬源，2000. 麦套夏播转 *Bt* 基因棉 R93-6 对昆虫群落的影响[J]. 昆虫学报，43（1）：43-51.

Hong B，Du Y E，Mukerji P，et al.，2017. Safety assessment of food and feed from GM crops in Europe：Evaluating EFSA's alternative framework for the rat 90-day feeding study[J]. Journal of Agricultural and Food Chemistry，65（27）：5545-5560.

Truter J，Hamburg H V，Van D B J，2014. Comparative diversity of arthropods on Bt maize and non-Bt maize in two different cropping systems in South Africa[J]. Environmental Entomology，43（1）：197-208.

Cerevkova A，Cagaň L，2015. Effect of transgenic insect-resistant maize to the community structure of soil nematodes in two field trials[J]. Helminthologia，52（1）：41-49.

Habustova O S，Svobodova Z，Spitzer L，et al.，2015. Communities of ground-dwelling arthropods in conventional and transgenic maize：background data for the post-market environmental monitoring[J]. Journal of Applied Entomology，139（1-2）：31-45.

Lu Y H，Wu K M，Jiang Y Y，et al.，2010. Mirid bug outbreaks in multiple crops correlated with wide-scale adoption of Bt cotton in China[J]. Science，328（5982）：1151-1154.

（刘来盘　沈文静　张莉　刘标）

转基因玉米环境生态风险研究

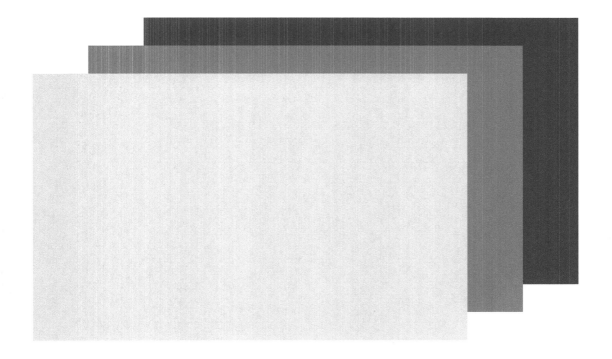

第 10 章 转多价基因抗虫耐除草剂玉米对花粉活力的影响

10.1 引言

随着基因编辑技术的不断发展和转基因作物种类、种植面积的不断扩大，有关其环境安全性是全球争论的热点，主要包括对生物多样性的影响、基因漂移的风险以及生存竞争能力的变化（钱迎倩等，1998；卢宝荣等，2003；Conner et al.，2003），其中基因漂移是安全性评价工作中的重要环节。

根据不同的媒介，基因漂移主要有花粉流、种子传播以及无性繁殖器官介导 3 种方式（Lu，2008）。由于转基因作物与其非转基因作物及其野生近缘种间没有生殖隔离，外源基因可以通过花粉传递至对应非转基因物种并可能导致产生一定的环境风险（Song et al.，2002）。不同物种间由花粉介导的基因漂移由于花期时的花粉产量、异交率、花粉生活力以及外界环境的不同，其扩散距离及方向亦有所不同（Lu，2008；Song et al.，2002；Rong et al.，2007；张士龙等，2006）。玉米属于异花授粉作物，其花粉主要依靠风媒传播，不同玉米间的异交率相对较高，因此玉米花粉的活力及其离体后的存活能力是评价转基因玉米基因漂移风险的重要指标。

本研究通过对新研发的转 *cry1Ab* 和 *epsps*、*Vip3Aa* 和 *pat* 基因玉米材料、其受体对照以及常规玉米的花粉形态及离体后的萌发活力进行检测，评价各玉米材料花粉萌发活力差异，通过不同环境条件下花粉离体后的存活时间评价转基因玉米花粉的传播能力。根据已有大田试验结果预测转基因玉米的基因漂移距离，为转基因玉米新品种田间应用推广前的评价工作提供重要的数据支撑。

10.2 材料与方法

10.2.1 材料

本试验的受试材料见表 10-1。

表 10-1 玉米花粉萌发活力及形态检测所用材料

作物种类	玉米	编号
转化体	DBN9936×9501	9936×9501-WG
受体对照	五谷 3861	WG3861
常规对照	中玉 335	ZY335

10.2.2 花粉采集方法

玉米开始散粉后，于上午 9：00—10：00 收集足量的处于盛花期的转基因作物和非转基因对照的花粉，滤除杂质备用。采用定性滤纸等干性材料存放花粉，防止其结团失活，迅速带回实验室进行试验。

10.2.3 试验设计

10.2.3.1 花粉形态观察

选取转基因作物和其对照各 3 株的花粉进行形态观察，并记录其颜色。在洁净的载玻片上均匀地平铺一薄层花粉萌发培养基（液体），轻柔地使收集的花粉均匀地散落在培养基上，盖上盖玻片并吸除多余培养基，立即用显微镜观察转基因作物及其对照花粉的大小是否一致。每株作物统计 20 个花粉粒直径，3 株共统计 60 个花粉粒直径，用方差分析方法比较转基因作物和对照的花粉粒大小是否存在差异。

10.2.3.2 花粉的离体萌发

将收集的转基因作物花粉及其对照花粉充分混匀后，分别倒入 10 个洁净干燥的 1.5 mL 离心管中，每管至少 0.2 mL 花粉，代表 1 个处理，用于 3 次重复的花粉萌发试验。将其中一管花粉立即均匀地撒落到花粉萌发培养基（固体）上，将该组花粉萌发试验标记为 0 h，置于铺有一层湿润滤纸的大培养皿中，于室温下培养 2 h。其余 9 管花粉分别放入 25℃、30℃、35℃人工气候箱中处理 1 h、3 h、6 h 后进行花粉萌发试验。培养 2 h 后，用显微镜观察每个培养皿中花粉的萌发情况，每个培养皿观察 3 个视野，每视野统计的花粉总数不应少于 20 个，每处理观察的花粉总数不少于 180 个。若花粉管长度大于花粉粒直径，则视其为萌发花粉。对花粉萌发率进行统计，并用方差分析方法比较转基因作物的花粉和其受体对照的花粉萌发率在各相同处理条件下是否存在差异。

采用固体培养基培养玉米花粉。培养基配方：蔗糖 0.35 mol/L，CaCl₂ 0.02%，硼酸 0.01%，琼脂 0.7%。上述成分按照所需培养基的体积换成具体质量，加入超纯水后，高压灭菌锅灭菌，稍微冷却后倒入培养皿中，以刚好覆盖培养皿为宜。冷却凝固后将玉米花粉抖落至培养基表面，置于恒温培养箱内静置培养［温度（28±2）℃，湿度 70%～85%］，120 min 后观察统计花粉萌发情况。

10.2.3.3　玉米散粉期传粉昆虫调查

在玉米的散粉期调查各处理转基因作物及其对照玉米田中传粉昆虫的种类及其种群动态。

10.2.4　数据分析

10.2.4.1　对照处理结果分析

对照组在处理 0 h 时的花粉萌发率达 70%以上，表明检测体系正常；否则，另外采集新鲜花粉重新进行试验。

10.2.4.2　数据处理

根据试验记录计算转基因作物的平均花粉粒大小和花粉萌发率。

平均花粉粒大小按式（10-1）计算。

$$X = \frac{\sum_{i=1}^{n} X_i}{n} \tag{10-1}$$

式中：X——平均花粉粒大小；

X_i——第 i 个花粉的直径；

n——统计花粉总粒数。

花粉萌发率按式（10-2）计算。

$$Y = \frac{n_1}{N} \times 100\% \tag{10-2}$$

式中：Y——花粉萌发率，%；

n_1——萌发花粉数；

N——用于统计的花粉总数。

使用 IBM SPSS Statistics 20 软件，采用方差分析法比较在相同处理条件下转基因玉米受体和常规对照玉米花粉的萌发率的差异。

10.3 结果

10.3.1 玉米花粉形态观察

在带标尺显微镜下观察统计转化体、受体和常规对照玉米材料的花粉粒直径。结果显示，五谷 3861、DBN9936×9501 以及主栽品种中玉 335 的花粉粒直径分别为 83.6 μm、84.0 μm、83.9 μm，相互间不存在显著差异（见表 10-2）。表明与受体五谷 3861 与当地主栽品种中玉 335 相比，转化体 DBN9936×9501 对花粉粒直径大小无显著影响。

表 10-2 不同玉米材料的花粉粒直径   单位：μm

玉米材料	花粉粒直径
WG3861	83.6±2.2a
9936×9501-WG	84.0±1.7a
ZY335	83.9±1.4a

注：表中数据为平均数±标准差；在每一列中，相同的小写字母表示不同玉米品种花粉粒直径的差异未达显著水平（LSD 检验，$P>0.05$）。下同。

10.3.2 花粉萌发率检测

对各玉米品种花粉离体萌发活力进行检测。在处理 0 h 时，各玉米品种花粉萌发活力最高，萌发率均在 88%以上，表明检测体系正常。在 25℃和 30℃处理 6 h、35℃处理 3 h后，各材料花粉几近完全失活，在相同处理条件下各玉米材料花粉萌发率差异未达显著水平，表明与受体五谷 3861 和非转基因主栽品种中玉 335 相比，转化体 DBN9936×9501 对花粉萌发活力无影响（见表 10-3）。

表 10-3 不同处理条件下各玉米材料花粉的萌发率   单位：%

处理温度/℃	处理时间/h	玉米材料		
		WG3861	9936×9501-WG	ZY335
—	0	88.3±7.5a	90.8±7.9a	89.2±5.3a
25	1	70.0±7.6a	71.7±7.5a	67.5±6.3a
	3	43.3±6.3a	40.8±6.3a	42.5±6.7a
	6	0.8±1.9a	4.2±4.5a	4.2±3.4a
30	1	58.3±7.5a	55.0±7.1a	57.5±7.5a
	3	15.0±5.8a	17.5±6.3a	14.2±4.5a
	6	0.0±0.0a	0.0±0.0a	0.0±0.0a
35	1	35.8±9.8a	37.5±6.9a	31.7±8.5a
	3	3.3±2.4a	3.3±2.4a	2.5±2.5a
	6	0.0±0.0a	0.0±0.0a	0.0±0.0a

注：表中同行相同字母表示同一处理温度、处理时间下，不同玉米材料花粉的萌发率无显著差异（$P<0.05$）。

10.4　讨论

玉米的产量与花粉量和花粉活力密切相关，并且玉米是异花授粉植物，玉米花粉是相关转基因作物外源基因扩散的主要途径，因此检测玉米花粉萌发活力及其离体后的生存能力极为重要。

已有研究表明离体培养法是检测玉米花粉活力最直接有效的方法（常胜合等，2009；王艳哲等，2010）。随着散粉天数的增加，玉米花粉萌发率显著降低。在同一天，玉米花粉上午 8：00—10：00 萌发活力最强，到 16：00 基本丧失活力（史桂荣，1996）。本试验于玉米散粉第一天的 9：00—10：00 采集花粉，花粉离体后即刻进行培养，结果显示 3 个玉米材料花粉萌发率均在 88%以上，表明所选用的检测体系正常，可以用来评价玉米的花粉萌发活力。

玉米花粉的寿命受到自身遗传特性、温度及湿度、花粉含水量等因素的影响（王艳哲等，2008），其中高温是抑制花粉发育的重要因素。研究表明，在高温条件下（32～35℃），花粉因水分蒸发会加快失活速度（逯明辉等，2009；宋方威等，2014；降志兵等，2016）。宋方威等（2014）在高温条件下处理玉米花粉，采用 TTC 染色法和离体培养法检测花粉的活力变化情况，在 35℃处理 6 h 后 10 个玉米自交系花粉全部失活，40℃处理 4 h 后 10 个自交系中的 8 个完全失活。降志兵等（2016）采用 TTC 染色法检测不同温度处理后玉米花粉的活力，发现温度和处理时间均会显著影响玉米花粉活力，当温度达到 38℃且处理时间达到 1 h 时玉米花粉的活力会显著降低。

在本试验中，玉米花粉采集后共设置 3 个温度梯度，每个温度设置 3 个处理时间，加上花粉采集后直接培养，共 10 个处理，可以较好地模拟玉米花粉在自然界中可能面临的环境因素。结果显示，刚离体的花粉萌发活力最高，随着离体时间的延长，花粉的萌发活力显著下降。在 25℃和 30℃处理 6 h、35℃处理 3 h 后，各材料花粉几近完全失活。与受体五谷 3861 以及常规对照中玉 335 相比，转化体 DBN9936×9501 在相同处理时间内的花粉萌发率无显著差异。因此，转化体 DBN9936×9501 的花粉离体后在外界环境中的存活时间与试验中常规玉米相似，其传播能力无显著差异。

本研究结果表明，与受体对照五谷 3861 与非转基因常规对照中玉 335 相比，转化体 DBN9936×9501 对花粉粒直径无显著影响，对花粉萌发活力无影响，因此其花粉的传播能力亦无显著变化。参照已有研究结果，转基因玉米 DBN9936×9501 仍有较大基因漂移的风险，但由于实验室条件的局限性，不能完全模拟田间的种植情况，因此本试验数据可作为评价其基因漂移风险的参考数据，该转基因玉米外源基因的漂移距离仍需传统大田同心圆试验进行验证。

参考文献

常胜合，陈彦惠，苏明杰，等，2009. 鉴定玉米花粉活力 4 种方法的比较[J]. 安徽农业科学，37（30）：14562-14563.

国际农业生物技术应用服务组织，2021. 2019 年全球生物技术/转基因作物商业化发展态势[J]. 中国生物工程杂志，41（1）：114-119.

降志兵，陶洪斌，吴拓，等，2016. 高温对玉米花粉活力的影响[J]. 中国农业大学学报，21（3）：25-29.

卢宝荣，张文驹，李博，2003. 转基因的逃逸及生态风险[J]. 应用生态学报，14（6）：989-994.

逯明辉，巩振辉，陈儒钢，等，2009. 农作物花粉高温胁迫研究进展[J]. 应用生态学报，20（6）：1511-1516.

钱迎倩，田彦，魏伟，1998. 转基因植物的生态风险评价[J]. 植物生态学报，22（4）：289-299.

史桂荣，1996. 玉米花粉生活力的研究[J]. 黑龙江农业科学，2：13-15.

宋方威，吴鹏，邢吉敏，等，2014. 高温胁迫对玉米自交系父本花粉生活力的影响[J]. 玉米科学，22（3）：153-158.

王艳哲，崔彦宏，张丽华，2008. 玉米花粉生活力研究进展[J]. 玉米科学，16（5）：144-146.

王艳哲，崔彦宏，张丽华，等，2010. 玉米花粉活力测定方法的比较研究[J]. 玉米科学，18（3）：173-176.

张士龙，王冰，李伟彦，等，2006. 玉米花粉量、散落分布及有效授粉范围研究[J]. 黑龙江八一农垦大学学报，18（1）：30-34.

Conner A J，Glare T R，Nap J，2003. The release of genetically modified crops into the environment：Part Ⅱ. Overview of ecological risk assessment[J]. The Plant Journal，33（1）：19-46.

Lu B R，2008. Transgene escape from GM crops and potential biosafety consequences：An environmental perspective[J]. Collection of Biosafety Reviews，4：66-141.

Paul S M，Pollak L M，2005. Transgenic maize[J]. Starch-Stärke，57：187-195.

Rong J，Lu B R，Song Z P，et al.，2007. Dramatic reduction of crop-to-crop gene flow within a short distance from transgenic rice fields[J]. New Phytologist，173（2）：346-353.

Song Z P，Lu B R，Zhu Y G，et al.，2002. Pollen competition between cultivated and wild rice species（*Oryza sativa* and *O. rufipogon*）[J]. New Phytologist，153（2）：289-296.

（刘来盘　刘标　方志翔　余琪）

第 11 章 抗虫耐除草剂玉米 DBN9936 外源基因漂移的监测

11.1 引言

自 20 世纪 90 年代以来，转基因作物的田间种植规模逐渐扩大，其中全球转基因玉米的种植面积在 2019 年超过 6 090 万 hm²，占全球转基因作物种植面积的 31%（国际农业生物技术应用服务组织，2021）。转基因玉米的生态环境安全性问题主要包括 3 个方面：一是转基因玉米对生态环境的影响；二是转基因玉米中外源基因向相关物种的漂移；三是转基因作物对生物多样性的影响。

基因漂移的主要途径包括花粉流（pollen flow）和种子传播（seed dispersal）（Lu，2008）。其中，由转基因作物花粉介导的基因漂移是目前全球最受关注和争议的领域之一。由花粉介导的基因漂移方向、扩散频率和扩散的最大距离在不同物种以及不同外界环境下存在很大的差异。这些差异主要取决于花粉供体的花粉产量、花粉受体的异交结合率、供体和受体花粉的竞争力以及授粉时的外界环境条件等（Hu et al.，2014；Rong et al.，2010；Lu，2008）。研究通过花粉介导的基因漂移对于确定转基因玉米的种植隔离距离具有重要的实用价值。

11.2 材料与方法

11.2.1 材料

抗虫耐除草剂玉米 DBN9936、花粉受体玉米品种 DBN318 和先玉 335 由大北农集团提供，其中 DBN318 为抗虫耐除草剂玉米 DBN9936 的受体品种。

11.2.2 试验地点

外源基因漂移试验地点位于吉林省四平市伊通满族自治县西苇镇西苇林场大北农试验基地，播种时间为 2015 年 5 月 12 日，种子收获时间为 9 月 20 日。

耐除草剂性状检测地点是海南省三亚市吉阳镇大茅村中棉所基地，播种时间为 2015 年 11 月 19 日，喷洒除草剂草甘膦和草丁膦时间为 10 月 31 日，残余苗数统计和叶片采样于 11 月 14 日进行。

11.2.3 实验设计

外源基因漂移试验设计面积为 10 000 m²（100 m×100 m），在中央划出 25 m²（5 m×5 m）小区种植抗虫耐除草剂玉米 DBN9936，周围种植花粉受体玉米品种 DBN318 和先玉 335。播种采用条播，行距 60 cm，株距 25 cm。

抗虫耐除草剂玉米 DBN9936 分两次播种，隔两行种两行，第一期与花粉受体玉米同时播种。第二期在 7 天后播种。花粉受体玉米品种 DBN318 和先玉 335 隔行交替种植。

11.2.4 调查方法

在试验地对角线的 4 个方向（东南方向、东北方向、西南方向和西北方向），标记距抗虫耐除草剂玉米 DBN9936 种植区 5 m、15 m、30 m 和 60 m 处 4 点（见图 11-1），每点随机收获 DBN318 和先玉 335 各 10 株玉米（第 1 果穗），晒干后储存、用于进一步检测。玉米花期从 7 月 29 日至 8 月 9 日，在此 12 天中，有 8 天风向为西南风，风速为 3.4～8 m/s。

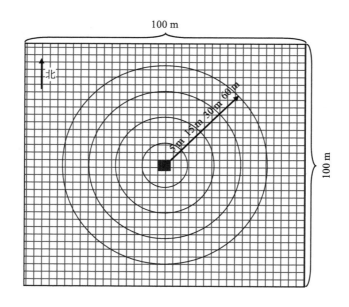

图 11-1　外源基因漂移试验地示意图（深色地块为 DBN318 种植点）

11.2.5 检测方法

将收获的玉米种子单穗种植，种植后两周统计每单穗出苗数，并喷洒除草剂草甘膦，除草剂施用两周后再统计存活的玉米植株数量。

对施用除草剂后存活的玉米植株进行取样，带回实验室进行分子特征检测，检测片段包括玉米自身基因 *zSTSII-b*、外源基因 *cry1Ab* 特异片段、外源基因 *epsps* 特异片段，扩增引物见表 11-1。

表 11-1　外源基因扩增引物列表

片段名称	引物对序列	长度/bp
cry1Ab	cry1Ab-01-F：GGAGCGCGTCTGGGGCCCTGATTCTA	786
	cry1Ab-01-R：GTGAGGGGGATTTGGGTGATTTGGGAGGAC	
epsps	CP4-01-F：CCTCAACACGCCCGGCATCACGAC	461
	CP4-01-R：CGAAGGCGGCGGCGACAGCGAGAATC	
zSTSII-b	zSTSII-b-F：CGGTGGATGCTAAGGCTGATG	88
	zSTSII-b-R：AAAGGGCCAGGTTCATTATCCTC	

根据耐除草剂性状和分子特征检测结果，确定花粉传播距离和不同距离的异交率。

11.3　结果与分析

11.3.1　玉米幼苗除草剂抗性筛选

将收获的 DBN318 和先玉 335 种子单穗种植（两种花粉受体玉米、4 个方向、每方向 4 个距离、每距离处 10 个单穗，共计 320 个单穗），单穗最高出苗数为 715 株，最低出苗数为 339 株，平均出苗数为 540 株。喷洒草甘膦后统计残留幼苗数量。喷洒除草剂前后对比见图 11-2。分子特征检测表明残留的幼苗均含有外源基因 *cry1Ab* 和 *epsps*。

喷洒前　　　　　　　　　　　喷洒后

图 11-2　喷洒除草剂前后对比示意图

11.3.2 外源基因不同方向和距离的平均异交率

每单穗残余苗数（含有外源基因的苗数）除以该单穗总出苗数即为该单穗的花粉异交率；计算该采样点的 10 株单穗异交率平均值，即为该采样点花粉的平均异交率。外源基因不同方向和距离的平均异交率见表 11-2。

表 11-2 外源基因不同方向和距离的平均异交率 单位：%

距离/m	东南		东北		西北		西南	
	DBN318	先玉 335	DBN318	先玉 335	DBN318	先玉 335	DBN318	先玉 335
5	0.04	0	0.83	0.78	0.67	0.39	0.50	0.09
15	0	0	0.33	0.24	0	0	0.04	0
30	0	0	0.09	0.06	0	0	0	0
60	0	0	0	0.02	0	0	0	0

距种植地 5 m 处，DBN9936 的外源基因在 4 个方向均能够检测到，但顺风方向（东北方向）两种花粉受体玉米的异交率最高；随着距离的增大，至 30 m 处，只有顺风方向（东北方向）花粉受体玉米接受到 DBN9936 玉米的外源基因。DBN9936 玉米外源基因漂移距离和风向密切相关，在顺风条件下（风速为 3.4～8 m/s），在 60 m 处仍然能够检测到外源基因。

11.4 讨论

玉米花粉传播的距离和频率受玉米的株高、花粉量以及气候因子（风向、降雨、湿度、温度等）的影响，试验地花期以西南风为主，所以东北方向漂移率大于其他方向。

玉米可以自花授粉，也可以异花授粉，且除了风力传播外，蜜蜂等多种昆虫也可以传粉，因此玉米天然杂交率一般较高。路兴波等（2005）报道在离转基因玉米 150 m 处的常规玉米种子中能检测到外源基因，邱宏等（2008）报道在距离转基因玉米 150 m 的常规玉米种子中未检测到外源基因。本研究中也显示转基因玉米花粉最远能够漂移到 60 m，而且能够结实成熟。我国虽然不是玉米起源地，但玉米种植面积大，如何利用农田周边自然条件（农田道路、防风林、高秆作物）控制转基因玉米花粉向常规玉米漂移是一个迫切需要解决的问题。

11.5 结论

在顺风条件下（风速为 3.4～8 m/s），最远在 60 m 处仍然能够检测到转基因玉米 DBN9936 外源基因。

参考文献

邸宏，刘昭军，2008. 转 Bar 基因玉米基因漂移的研究[J]. 中国农学通报，24（12）：111-113.

国际农业生物技术应用服务组织，2021. 2019 年全球生物技术/转基因作物商业化发展态势[J]. 中国生物工程杂志，41（1）：114-119.

路兴波，孙红炜，杨崇良，等，2005. 转基因玉米外源基因通过花粉漂移的频率和距离[J].生态学报，25（9）：2450-2453.

Hu N，Hu J C，Jiang X D，et al.，2014. Establishment and optimization of a regionally applicable maize gene-flow model[J]. Transgenic Research，23（5）：795-807.

Lu B R，Xia H，2011. Environmental biosafety of transgenic plants: research and assessment of transgene escape and its potential ecological impacts[J]. Chinese Bulletin of Life Sciences，23（2）：186-194.

Lu B R，2008. Transgenic escape from GM crops and potential biosafety consequence: An environment perspectaive[J]. Collection of Biosafety Review，4：66-141.

Rong J，Lu B R，Song Z P，et al.，2010. Dramatic reduction of crop-to-crop gene flow within a short distance from transgenic rice fields[J]. New Phytologist，173（2）：346-353.

Song Z P，Lu B R，Zhu Y G，et al.，2003. Gene flow from cultivated rice to the wild species *Oryza rufipogon* under experimental field conditions[J]. New Phytologist，157（3）：657-665.

（沈文静　刘标　刘来盘　张莉　方志翔）

第12章 南繁区转基因抗虫玉米外源基因漂移风险评估和控制技术

12.1 引言

　　基因漂移（又称基因流、基因漂流）是指一个生物群体的遗传物质（一个或多个基因）通过媒介转移到另一个生物群体中的现象（卢宝荣等，2011）。根据媒介的不同，基因漂移的发生途径通常分为 3 种形式：①花粉介导的基因漂移（Marceau et al.，2011；Pasquet et al.，2008；Zhang et al.，2011）；其中，根据自然媒介的不同，可以把花粉传播分为风媒传粉和虫媒传粉两种（闫硕等，2017；Yan et al.，2015）。②种子介导的基因漂移（Garnier et al.，2008）。③繁殖体介导的基因漂移（Amsellem et al.，2001）。风媒传粉的漂移距离一般不超过 150 m；微风时，花粉散落范围约为 1 m，风力较大时，可传播 500～1 000 m。在美国进行了一项实地研究，发现不到 1%的花粉粒会传播超过 60 m，考虑到玉米花粉的体积和重量，这并不意外，因为花粉粒直径可达到 103～105 μm（Rodriguez et al.，2006），沉降速度为 0.2～0.3 m/s（Di-Giovanni et al.，1995）。文献研究结果表明：20 m 的隔离距离足以使异交水平低于 1%。如果需要小于 0.1%的异交，建议距离超过 100 m（Baltazar et al.，2015）。花粉传播是造成基因漂移的最主要途径，而传播过程中花粉的活力和存活时间是影响基因漂移的重要因子。由于风媒传粉的花粉漂移的距离、方向和范围可预见性强，所以风媒介导的基因漂移是相对可以预测的，风媒传粉的效率是与花粉源及受体植物的距离负相关的。此外，不同生态环境中基因漂移率也会有很大差异，从局部实验研究结果难以推断大范围内的基因漂移率（Devaux et al.，2007）。

　　基因漂移在自然界内是客观存在的。基因漂移的过程受多方面因素影响，风向、风速、离花粉源的距离和授粉昆虫都是不可忽视的重要因素。花粉源强和开花期气象条件也是决定玉米花粉漂移的主要因素。有研究者（Song et al.，2003）认为风速是决定花粉扩散的主要气象因子之一，且风速大小与最大花粉扩散距离成正比，尤以冠层上方的湍流运动对花粉扩散有着至关重要的影响。因此，一定阈值的基因漂移距离是两者综合影响的结果，这也可能是不同研究者会得出不同的转基因玉米漂移安全距离的原因。

基因漂移的物理限制措施主要有两种。一种是空间隔离。有研究表明，在大规模种植条件下，空间隔离是控制花粉漂移的有效措施（Luna et al.，2001）。在中国，转基因玉米和非转基因玉米田之间的强制隔离距离为 300 m（中国生物安全委员会）。在实际的农田中，尤其是在小面积农田地区，不太可能严格遵守 300 m 的隔离距离，因为这将限制农民自由选择所要种植的作物（Devos et al.，2008）。可以利用山岭、树林、建筑物等自然屏障阻挡外来花粉的侵入，从而达到安全隔离的目的；也可以用高粱、向日葵、麻类等高秆作物进行隔离或者设置隔离网布作为隔离屏障，以阻挡外来花粉传入，都可以大大降低基因漂移（Yan et al.，2018）。然而，作为空间隔离的作物（如大麦和向日葵）则不能减少花粉介导的基因在黄粒转基因玉米和非转基因白粒玉米（Langhof et al.，2013，2008）之间的漂移频率。另一种是时间隔离。即调整转基因作物和非转基因作物的种植时间，使二者花期错开，从而达到限制基因漂移的目的（Gressel，2015）。

中国是目前唯一使用定性标识的国家。只要在产品中检测到转基因成分，就会进行标记，即标记阈值为零。其他国家实施定量标识，即阈值管理。在大多数国家中，转基因生物标识阈值在 3% 和 5% 之间，而有些国家的转基因生物标识阈值是 1%（徐琳杰等，2014；徐琳杰等，2018）。目前，我国采用 2002 年建立的定性强制标识制度，对 5 类 17 种农业转基因生物进行标识，否则不能进口和销售（刘晓农等，2010；龙阳等，2018）。在现有的零容忍的转基因食品强制标识制度下，转基因作物与非转基因作物的隔离显得尤为必要和重要（刘旭霞等，2017）。否则在转基因作物大面积种植时，非转基因作物会受到或多或少的影响，而只要受到影响，其产品都要进行转基因标识。种植者只能选择采取隔离措施或者进行转基因标识。然而，传统的空间隔离远不能满足南繁季节育种对花粉漂移限制的要求。在南繁季节，海南很难满足常规的隔离条件，科研和育种机构特别密集。大多数玉米田通常彼此靠近。通常相邻的田地相距不到 5 m，几乎没有树木或栅栏等物理障碍物。目前还没有有效防控转基因玉米花粉近距离漂移的隔离装置。为了解决这一问题，本研究开发了一种新的转基因玉米自然生态风险控制隔离装置。该隔离装置结合我国玉米种植制度、生产实际情况，并结合目前转基因作物的研究热点——对转基因抗虫玉米进行生态安全性评估，最终为我国转基因作物的商业化推广进程提供可靠的实验依据，并为转基因作物的风险防控提出可行的方法。

12.2 材料与方法

12.2.1 材料

转基因玉米材料为转基因抗虫玉米品种（系）GIF，且该玉米为黄色籽粒品系，由中国农业大学赖锦盛老师实验室提供；选取白色籽粒的常规玉米美玉 11 号糯玉米品种为转基因玉米花粉受体。种子（籽粒）颜色的遗传可以认为是一个单一基因控制，有一对等位基因（黄色与白色）。黄色等位基因为显性，白色等位基因为隐性。试验地点在海南省文昌市迈号镇乌鸡塘下村中国热带农业科学院热带生物技术研究所农业转基因环境安全评价试验基地（110°45′44″E，19°32′14″N），转基因抗虫玉米分 3 次播种，每隔一周播种 1 次，以使其散粉期与非转基因玉米抽丝期相遇。采用人工点播，每穴 3 粒，播种深度为 4～5 cm。

12.2.2　方法

在 2016—2017 年和 2017—2018 年两个年度进行了田间试验。试验区的设计图见图 12-1。第一次种植于 2016—2017 年，最远调查的漂移距离为 60 m。根据第一次调查的结果来看，30 m 以外的 8 个方向的基因漂移频率非常低，几乎为零。因此，2017—2018 年，最远的基因漂移调查距离调整为 30 m。在第二个种植季节，总面积约为 14 000 m²。在海南的南繁季节，育种单位特别密集的情况下，通常很难满足常规的隔离条件。因此，本研究在第二个种植季节对处理区的转基因玉米在雄穗散粉期进行套袋处理，以便进一步降低基因漂移频率。

2016—2017 年，试验设置 1 个对照区、1 个隔离层，其中对照区试验地面积为 10 000 m²（100 m×100 m），在其中央划出 1 个 100 m²（10 m×10 m）的小区种植转基因抗虫玉米，周围种植非转基因玉米。设有隔离措施的处理区试验地面积为 10 000 m²（100 m×100 m），在其中央划出 1 个 100 m²（10 m×10 m）的小区种植转基因抗虫玉米，周围种植非转基因玉米。采用彩钢板隔离，隔离高度为 4 m。在玉米成熟后收获时，对照区沿试验地 NE、N、NW、W、SW、S、SE 和 E 等 8 个方位，分别用 A1、A2、A3、A4、A5、A6、A7、A8 标记；隔离区沿试验地 NE、N、NW、W、SW、S、SE 和 E 等 8 个方位，分别用 B1、B2、B3、B4、B5、B6、B7、B8 标记；沿 8 个方向距离转基因抗虫玉米种植区 1 m、3 m、5 m、10 m、15 m、20 m、30 m、40 m、50 m 和 60 m，其中 NE、NW、SW 和 SE 最远调查距离为 60 m，N、W、S 和 E 最远调查距离为 40 m，每点随机收获 10 株玉米（第 1 果穗），并按照 P1，P2，P3，…，P10 的顺序作上标记，晒干后储存，待进一步检测。记录收获的每个玉米果穗的籽粒总数。

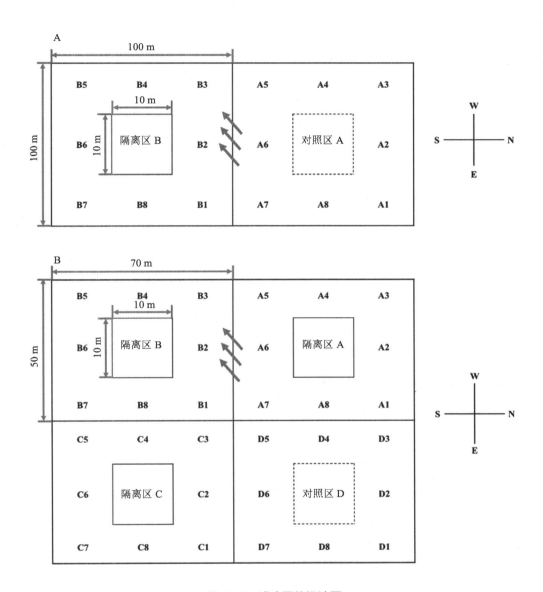

图 12-1　试验区的设计图

注：A 图代表 2016—2017 年，试验设计包括 1 个对照区 A 和 1 个隔离区 B。图中对照区 A 和隔离区 B 尺寸相同。
B 图代表 2017—2018 年，试验设计包括 1 个对照区（D）和 3 个隔离区（A、B 和 C）。实线表示隔离区，虚线表示
无隔离装置的对照区。A 图中的 A1～A8 和 B1～B8，B 图中的 A1～A8、B1～B8、C1～C8 和 D1～D8 分别代表 NE、
N、NW、W、SW、S、SE 和 E 等 8 个方向。图中对照区 D 与隔离区 A、B、C 尺寸相同。箭头代表花期的主风向。

　　2017—2018 年，试验设置 1 个对照、3 个处理，对照试验地面积为 3 500 m²（50 m×70 m），
在其中央划出 1 个 100 m²（10 m×10 m）的小区种植转基因玉米，周围种植非转基因玉米。
设有隔离措施的 3 个处理区的试验地面积为 3 500 m²（50 m×70 m），在其中央划出 1 个
100 m²（10 m×10 m）的小区种植转基因抗虫玉米，周围种植非转基因玉米。采用彩钢板
隔离。试验总面积约 20 亩（1 亩≈666.7 m²）。在散粉期对转基因玉米进行套袋处理。在玉

米成熟后收获时，对照区沿试验地 NE、N、NW、W、SW、S、SE 和 E 等 8 个方位，分别用 D1、D2、D3、D4、D5、D6、D7、D8 标记；隔离区 A 沿试验地 NE、N、NW、W、SW、S、SE 和 E 等 8 个方位，分别用 A1、A2、A3、A4、A5、A6、A7、A8 标记；隔离区 B 分别用 B1、B2、B3、B4、B5、B6、B7、B8 标记；隔离区 C 分别用 C1、C2、C3、C4、C5、C6、C7、C8 标记；沿 8 个方向距离转基因抗虫玉米种植区 1 m、3 m、5 m、10 m、15 m、20 m 和 30 m，其中 NE、NW、SW 和 SE 最远调查距离为 30 m，N、W、S 和 E 最远调查距离为 20 m，每点随机收获 10 株玉米（第 1 果穗），并按照 P1，P2，P3，…，P10 的顺序作上标记，晒干后储存，待进一步检测。记录收获的每个玉米果穗的籽粒总数。

用胚乳显隐性性状进行鉴别。根据不同方向、在与转基因抗虫玉米不同距离收获的玉米籽粒中表现转基因抗虫玉米胚乳性状的数量，确定转基因抗虫玉米花粉传播距离和不同距离的异交率。只有当转基因抗虫玉米是显性胚乳性状，如黄色籽粒或非糯，适用该方法。

异交率按式（12-1）计算。

$$P = \frac{N}{T} \times 100\% \qquad (12\text{-}1)$$

式中：P——异交率，%；

N——每穗玉米中含外源基因的玉米籽粒数量，粒；

T——每穗籽粒总量，粒。

根据检测结果，确定外源基因在不同方向和不同距离的异交率，进而确定漂移距离。统计方法为计算异交率的算术平均值和标准差。试验中各点（1 m，3 m，5 m，…，60 m）的异交率为 10 株玉米在该点的异交率（P1，P2，P3，…，P10）的平均值。

图 12-2 所示为转基因玉米自然生态风险控制隔离装置，所述隔离装置包括矩形钢架（1）。所述矩形钢架（1）由四面钢架墙（1.1）组成，每面钢架墙（1.1）由多个水平钢杆（1.1a）和竖直钢杆（1.1b）组成；且每个竖直钢杆（1.1b）深入土中 20～30 cm 固定且斜撑杆（2）与竖直钢杆（1.1b）夹角为 30°～45°；四面钢架墙（1.1）的竖直钢杆（1.1b）与顶部的水平钢杆（1.1a）交叉点间隔设置有 8 根斜撑杆（2），且矩形钢架（1）四角上的竖直钢杆（1.1b）与顶部的水平钢杆（1.1a）交叉点均通过方卡结构（6）固定有一个斜撑杆（2），矩形钢架（1）的四面钢架墙（1.1）均设置有彩钢板（3），所述隔离装置一面开设出入门（4）。矩形钢架（1）顶部的水平钢杆（1.1a）间设置有热镀支撑钢框（5）。热镀支撑钢框（5）呈四边形，且热镀支撑钢框（5）四角均通过抱箍固定在水平钢杆（1.1a）的中部。方卡结构（6）包括一侧面开口且中空矩形框，所述斜撑杆（2）顶部斜插入方卡结构（6）内并通过螺钉（6.1）固定在竖直钢杆（1.1b）上。上述钢杆和斜撑杆尺寸为：长为 6 000 mm，直径为 40 mm，厚度为 2 mm，彩钢板（3）厚度为 0.425 mm。上述装置大小和斜撑杆个数根据实际情况决定。

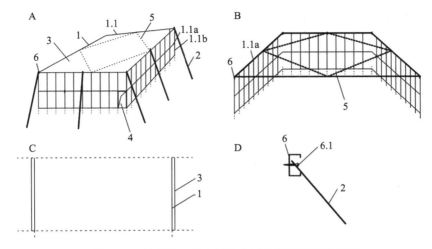

图 12-2　转基因玉米自然生态风险控制隔离装置图

注：A 图为隔离装置示意图；B 图为隔离装置的局部图；C 图为 B 图的截面图；D 图为结构详图方卡；1—矩形钢架；1.1—钢架墙；1.1a—水平钢杆；1.1b—竖直钢杆；2—斜撑杆；3—彩钢板；4—出入门；5—热镀支撑钢框；6—方卡结构；6.1—螺丝。

12.3　结果

12.3.1　对照区和隔离区玉米在不同方向和距离的基因漂移频率统计

2016—2017 年，对照区 A 花粉最大漂移频率可达 12.68%（见表 12-1）；隔离区 B 经隔离措施隔离后，花粉最大漂移频率下降为 0.21%，其中 B8 方向的基因漂移频率为 0（见表 12-1）。2017—2018 年，对照区 D 花粉最大漂移频率可达 12.75%（见表 12-2），隔离区 A 经隔离措施隔离后，花粉最大漂移频率下降为 0.02%，其中 A1、A4、A6、A7 和 A8 等 5 个方向的基因漂移频率为 0（见表 12-2）；隔离区 B 经隔离措施隔离后，花粉最大漂移频率下降为 0.05%，其中 B1、B2、B3、B5 和 B6 等 5 个方向的基因漂移频率为 0（见表 12-2）；隔离区 C 经隔离措施隔离后，花粉最大漂移频率下降为 0.05%，其中 C1、C2、C3 和 C7 等 4 个方向的基因漂移频率为 0（见表 12-2）。

12.3.2　对照区和隔离区在不同安全阈值下的基因漂移距离和基因漂移频率

根据《粮食作物种子　第 1 部分：禾谷类》（GB 4404.1—2008），玉米种子被分为常规种、自交系、单交种、双交种和三交种 5 种类型。这 5 种类型对种子纯度的要求是不一样的。1% 阈值是指异交率或基因漂移率 ≤1%，即达到种子纯度 99.0% 以上；0.1% 阈值是指异交率或基因漂移率 ≤0.1%，即达到种子纯度 99.9% 以上。因此，综合考虑转基因玉米商业化生产的需要和杂交玉米种子纯度的要求，本研究选用 1% 和 0.1% 作为计算基因漂流距离的容许阈值。

表 12-1　2016—2017 年对照区和隔离区各采样点异交率平均值　　　　单位：%

区域		距离									
		1 m	3 m	5 m	10 m	15 m	20 m	30 m	40 m	50 m	60 m
对照区 A	A1	0.18 ± 0.41	0.14 ± 0.44	0.00 ± 0.00	0.00 ± 0.00	0.00 ± 0.00	0.02 ± 0.06	0.00 ± 0.00	0.00 ± 0.00	0.00 ± 0.00	0.00 ± 0.00
	A2	5.17 ± 6.84	1.92 ± 2.59	0.04 ± 0.09	0.53 ± 0.55	0.02 ± 0.07	0.31 ± 0.46	0.00 ± 0.00	0.02 ± 0.06		
	A3	1.11 ± 1.76	0.25 ± 0.52	2.01 ± 2.46	0.00 ± 0.00	0.00 ± 0.00	0.02 ± 0.07	0.02 ± 0.06	0.00 ± 0.00	0.00 ± 0.00	0.00 ± 0.00
	A4	9.65 ± 21.71	2.91 ± 5.05	0.81 ± 1.80	0.04 ± 0.08	0.16 ± 0.19	0.04 ± 0.11	0.00 ± 0.00	0.00 ± 0.00		
	A5	0.24 ± 0.26	1.90 ± 4.53	0.61 ± 1.85	0.58 ± 1.58	0.11 ± 0.15	0.08 ± 0.19	0.10 ± 0.21	0.00 ± 0.00	0.00 ± 0.00	0.00 ± 0.00
	A6	12.68 ± 21.18	9.89 ± 13.15	1.65 ± 2.74	2.78 ± 4.82	0.05 ± 0.15	0.07 ± 0.16	0.08 ± 0.10	0.00 ± 0.00		
	A7	2.34 ± 3.10	0.06 ± 0.18	0.00 ± 0.00	0.10 ± 0.33	0.00 ± 0.00	0.00 ± 0.00	0.00 ± 0.00	0.00 ± 0.00	0.00 ± 0.00	
	A8	0.10 ± 0.17	0.32 ± 0.54	0.00 ± 0.00	0.00 ± 0.00	0.00 ± 0.00	0.00 ± 0.00	0.00 ± 0.00	0.00 ± 0.00		
隔离区 B	B1	0.00 ± 0.00	0.00 ± 0.00	0.21 ± 0.23	0.02 ± 0.06	0.00 ± 0.00	0.00 ± 0.00	0.00 ± 0.00	0.00 ± 0.00	0.00 ± 0.00	0.00 ± 0.00
	B2	0.11 ± 0.15	0.19 ± 0.26	0.05 ± 0.10	0.00 ± 0.00	0.00 ± 0.00	0.00 ± 0.00	0.06 ± 0.09	0.00 ± 0.00		
	B3	0.02 ± 0.06	0.04 ± 0.08	0.00 ± 0.00	0.04 ± 0.08	0.02 ± 0.06	0.00 ± 0.00	0.00 ± 0.00	0.02 ± 0.05	0.00 ± 0.00	0.02 ± 0.07
	B4	0.00 ± 0.00	0.04 ± 0.09	0.00 ± 0.00	0.06 ± 0.17	0.02 ± 0.05	0.00 ± 0.00	0.02 ± 0.05	0.00 ± 0.00		
	B5	0.00 ± 0.00	0.07 ± 0.22	0.02 ± 0.05	0.02 ± 0.06	0.02 ± 0.06	0.03 ± 0.08	0.00 ± 0.00	0.00 ± 0.00	0.00 ± 0.00	0.00 ± 0.00
	B6	0.19 ± 0.36	0.06 ± 0.13	0.06 ± 0.13	0.04 ± 0.12	0.00 ± 0.00		0.02 ± 0.05	0.01 ± 0.03		
	B7	0.00 ± 0.00	0.00 ± 0.00	0.02 ± 0.08	0.00 ± 0.00	0.01 ± 0.03	0.00 ± 0.00	0.00 ± 0.00	0.00 ± 0.00	0.00 ± 0.00	0.00 ± 0.00
	B8	0.00 ± 0.00	0.00 ± 0.00	0.00 ± 0.00	0.00 ± 0.00	0.00 ± 0.00	0.00 ± 0.00	0.00 ± 0.00	0.00 ± 0.00		

注：表中 A1~A8 和 B1~B8 分别代表 NE、N、NW、W、SW、S、SE、E 等 8 个方向。表中的值代表每个采样点的异交率平均数±标准差。试验中各点（1 m，3 m，5 m，…，60 m）的异交率为 10 株玉米在该点的异交率（P1，P2，P3，…，P10）的平均值。

表 12-2　2017—2018 年对照区和隔离区各采样点异交率平均值　　　　单位：%

区域		距离						
		1 m	3 m	5 m	10 m	15 m	20 m	30 m
对照区 D	D1	0.03 ± 0.06	0.00 ± 0.00	0.00 ± 0.00	0.00 ± 0.00	0.00 ± 0.00	0.02 ± 0.05	0.00 ± 0.00
	D2	2.11 ± 1.73	0.18 ± 0.21	0.43 ± 0.90	0.07 ± 0.09	0.00 ± 0.00	0.00 ± 0.00	
	D3	4.26 ± 4.03	0.79 ± 0.49	0.62 ± 0.45	0.31 ± 0.32	0.07 ± 0.13	0.06 ± 0.09	0.04 ± 0.08
	D4	12.75 ± 10.27	2.38 ± 0.91	1.17 ± 0.66	0.34 ± 0.30	0.24 ± 0.23	0.38 ± 0.36	
	D5	3.98 ± 3.06	0.29 ± 0.16	0.11 ± 0.13	0.02 ± 0.05	0.04 ± 0.08	0.00 ± 0.00	0.02 ± 0.05
	D6	0.73 ± 0.54	0.13 ± 0.17	0.18 ± 0.37	0.00 ± 0.00	0.00 ± 0.00	0.00 ± 0.00	
	D7	0.02 ± 0.06	0.00 ± 0.00	0.00 ± 0.00	0.00 ± 0.00	0.00 ± 0.00	0.00 ± 0.00	0.00 ± 0.00
	D8	0.18 ± 0.41	0.07 ± 0.13	0.00 ± 0.00	0.00 ± 0.00	0.00 ± 0.00	0.00 ± 0.00	
隔离区 A	A1	0.00 ± 0.00	0.00 ± 0.00	0.00 ± 0.00	0.00 ± 0.00	0.00 ± 0.00	0.00 ± 0.00	0.00 ± 0.00
	A2	0.00 ± 0.00	0.03 ± 0.08	0.00 ± 0.00	0.00 ± 0.00	0.00 ± 0.00	0.00 ± 0.00	
	A3	0.02 ± 0.05	0.00 ± 0.00	0.00 ± 0.00	0.00 ± 0.00	0.00 ± 0.00	0.00 ± 0.00	0.00 ± 0.00
	A4	0.00 ± 0.00	0.00 ± 0.00	0.00 ± 0.00	0.00 ± 0.00	0.00 ± 0.00	0.00 ± 0.00	
	A5	0.00 ± 0.00	0.02 ± 0.07	0.00 ± 0.00	0.00 ± 0.00	0.00 ± 0.00	0.00 ± 0.00	0.00 ± 0.00
	A6	0.00 ± 0.00	0.00 ± 0.00	0.00 ± 0.00	0.00 ± 0.00	0.00 ± 0.00	0.00 ± 0.00	
	A7	0.00 ± 0.00	0.00 ± 0.00	0.00 ± 0.00	0.00 ± 0.00	0.00 ± 0.00	0.00 ± 0.00	0.00 ± 0.00
	A8	0.00 ± 0.00	0.00 ± 0.00	0.00 ± 0.00	0.00 ± 0.00	0.00 ± 0.00	0.00 ± 0.00	
隔离区 B	B1	0.00 ± 0.00	0.00 ± 0.00	0.00 ± 0.00	0.00 ± 0.00	0.00 ± 0.00	0.00 ± 0.00	0.00 ± 0.00
	B2	0.00 ± 0.00	0.00 ± 0.00	0.00 ± 0.00	0.00 ± 0.00	0.00 ± 0.00	0.00 ± 0.00	
	B3	0.00 ± 0.00	0.00 ± 0.00	0.00 ± 0.00	0.00 ± 0.00	0.00 ± 0.00	0.00 ± 0.00	0.00 ± 0.00
	B4	0.00 ± 0.00	0.00 ± 0.00	0.00 ± 0.00	0.00 ± 0.00	0.01 ± 0.05	0.00 ± 0.00	
	B5	0.00 ± 0.00	0.00 ± 0.00	0.00 ± 0.00	0.00 ± 0.00	0.00 ± 0.00	0.00 ± 0.00	0.00 ± 0.00
	B6	0.00 ± 0.00	0.00 ± 0.00	0.00 ± 0.00	0.00 ± 0.00	0.00 ± 0.00	0.00 ± 0.00	
	B7	0.00 ± 0.00	0.00 ± 0.00	0.02 ± 0.05	0.00 ± 0.00	0.00 ± 0.00	0.00 ± 0.00	0.00 ± 0.00
	B8	0.00 ± 0.00	0.02 ± 0.05	0.05 ± 0.06	0.00 ± 0.00	0.00 ± 0.00	0.00 ± 0.00	
隔离区 C	C1	0.00 ± 0.00	0.00 ± 0.00	0.00 ± 0.00	0.00 ± 0.00	0.00 ± 0.00	0.00 ± 0.00	0.00 ± 0.00
	C2	0.00 ± 0.00	0.00 ± 0.00	0.00 ± 0.00	0.00 ± 0.00	0.00 ± 0.00	0.00 ± 0.00	
	C3	0.00 ± 0.00	0.00 ± 0.00	0.00 ± 0.00	0.00 ± 0.00	0.00 ± 0.00	0.00 ± 0.00	0.00 ± 0.00
	C4	0.00 ± 0.00	0.00 ± 0.00	0.00 ± 0.00	0.00 ± 0.00	0.00 ± 0.00	0.02 ± 0.07	
	C5	0.05 ± 0.11	0.05 ± 0.06	0.04 ± 0.09	0.00 ± 0.00	0.00 ± 0.00	0.00 ± 0.00	0.01 ± 0.03
	C6	0.00 ± 0.00	0.00 ± 0.00	0.00 ± 0.00	0.02 ± 0.05	0.00 ± 0.00	0.00 ± 0.00	
	C7	0.00 ± 0.00	0.00 ± 0.00	0.00 ± 0.00	0.00 ± 0.00	0.00 ± 0.00	0.00 ± 0.00	0.00 ± 0.00
	C8	0.00 ± 0.00	0.00 ± 0.00	0.00 ± 0.00	0.00 ± 0.00	0.02 ± 0.05	0.00 ± 0.00	

注：表中 A1~A8、B1~B8、C1~C8 和 D1~D8 分别代表 NE、N、NW、W、SW、S、SE、E 等 8 个方向。表中的值代表每个采样点的异交率平均数±标准差。试验中各点（1 m，3 m，5 m，…，30 m）的异交率为 10 株玉米在该点的异交率（P1，P2，P3，…，P10）的平均值。

　　两季的实验结果表明，在没有任何隔离措施的条件下，同一方位玉米基因漂移率随着离花粉供体区距离的增加而降低，1.0 m 处玉米异交率最大，花粉最大漂移频率可达 12%～13%，30 m 以上 8 个方向的漂移频率极低、几乎为零，花粉漂移的最远距离可达 60 m，在

60 m 处仍然发现有花粉的漂移，但漂移频率为 0.02%，几乎可以忽略不计（见表 12-1、表 12-2），可以达到种子纯度 99.9% 以上的要求。因此，经过第一季的试验之后，本研究将实验方案调整为花粉漂移频率最远调查距离至 30 m。

2016—2017 年（结果见表 12-3），对照区的结果为距离转基因玉米≥15 m 时，可以控制基因漂移率 <1%，距离转基因玉米≥40 m 时，可以控制基因漂移率 <0.1%。而隔离区转基因玉米的基因漂移频率与对照区相比大大降低，当距离隔离措施≥1 m 时，可以控制基因漂移率 <1%，即达到种子纯度 99.0% 以上，距离隔离措施≥10 m 时，可以控制基因漂移率 <0.1%，即可以达到种子纯度为 99.9%。

表 12-3　2016—2017 年不同安全阈值下玉米地块的最小隔离距离　　　　单位：m

区域		方向							
		NE	N	NW	W	SW	S	SE	E
安全阈值 1%[①]	对照区 A	1	5	10	5	5	15	3	1
	隔离区 B	1	1	1	1	1	1	1	1
安全阈值 0.1%[②]	对照区 A	5	30	10	20	40	15	15	5
	隔离区 B	10	5	1	1	1	3	1	1

注：①代表对照区 A 和隔离区 B 在 8 个不同方向的基因流达到 1% 的安全阈值时所需的最小隔离距离；②代表对照区 A 和隔离区 B 在 8 个不同方向的基因流达到 0.1% 的安全阈值时所需的最小隔离距离。

2017—2018 年（结果见表 12-4），对照区的结果为距离转基因玉米≥10 m 时，可以控制基因漂移率 <1%，距离转基因玉米≥30 m 时，可以控制基因漂移率 <0.1%。隔离区转基因玉米的基因漂移频率与对照区相比进一步降低，当距离隔离措施≥1 m 时，就可以控制基因漂移率 <0.1%，即可以达到种子纯度为 99.9%，并且隔离区 A、隔离区 B 和隔离区 C 的基因漂移频率均达到了该标准。

表 12-4　2017—2018 年不同安全阈值下玉米地块的最小隔离距离　　　　单位：m

区域		方向							
		NE	N	NW	W	SW	S	SE	E
安全阈值 1%[①]	对照区 D	1	3	3	10	3	1	1	1
	隔离区 A	1	1	1	1	1	1	1	1
	隔离区 B	1	1	1	1	1	1	1	1
	隔离区 C	1	1	1	1	1	1	1	1
安全阈值 0.1%[②]	对照区 D	1	10	15	30	10	10	1	3
	隔离区 A	1	1	1	1	1	1	1	1
	隔离区 B	1	1	1	1	1	1	1	1
	隔离区 C	1	1	1	1	1	1	1	1

注：①代表对照区 D 和隔离区 A、隔离区 B 和隔离区 C 在 8 个不同方向的基因流达到 1% 的安全阈值时所需的最小隔离距离；②代表对照区 D 和隔离区 A、隔离区 B 和隔离区 C 在 8 个不同方向的基因流达到 0.1% 的安全阈值时所需的最小隔离距离。

12.3.3 转基因玉米自然生态风险控制隔离装置

本试验所描述的转基因玉米自然生态风险控制隔离装置见图 12-2。本研究发明的隔离装置比传统的隔离措施更坚固，而且可以拆卸和重复使用。最重要的一点是使用该装置可以大大降低基因流动的频率。当与隔离装置的距离大于 1 m 时，基因漂移频率可降至 1%以下；当与隔离装置的距离大于 10 m 时，基因漂移频率可降至 0.1%以下。如果采用该隔离装置隔离转基因玉米，同时在授粉期对其雄穗进行套袋处理，当与隔离装置的距离大于 1 m 时，基因漂移频率可控制在 0.1%以下。该装置可缩短转基因玉米种植的隔离距离、提高种子纯度，同时满足近距离小范围隔离育种的需要。该装置的应用为转基因作物的风险防控提供了一种可行的方法。

12.4 讨论

鉴于转基因玉米种植后存在潜在生态风险，对转基因玉米商业释放的生态环境风险进行安全性评估和防控手段研究就具有非常重要的意义。通过花粉或种子介导的外源基因漂移是造成基因逃逸的主要途径。在防控玉米花粉漂移扩散方面，一般采用距离隔离或者错期播种来降低漂移频率；当上述条件无法满足时，一般处理是设置隔离带，如通过种植高杆作物、设置隔离墙或隔离网等来防控风媒传播风险。

欧盟转基因鉴定的阈值是 0.9%。为了满足这个阈值的要求，西班牙转基因玉米与传统玉米之间所需的隔离距离为 20 m（Pla et al.，2006）。研究表明，在德国，50 m 的隔离距离可使异花授粉率小于 0.9%（Langhof et al.，2010），这与 Hu 等（2014）在我国东北玉米种植区获得的隔离距离结果一致。两个种植季节的结果表明，在对照区 20 m 范围内，基因漂移频率可控制在 1%以下（Hu et al.，2014）。该结果与以下研究结果一致：在完全同步开花的情况下，转基因作物和常规作物田间的安全距离约为 20 m，应足以维持转基因作物花粉漂移频率低于 0.9%的阈值（Messeguer et al.，2006）。在中国现有的转基因食品零容忍强制标识制度下，传统的距离隔离远远不能满足近距离隔离育种的需要。本研究的两个季节的试验结果表明，当距离隔离措施≥1 m 时，可以控制基因漂移率<1%，当距离隔离措施≥10 m 时，可以控制基因漂移率<0.1%。当对转基因玉米采用隔离措施进行隔离并对散粉期的转基因玉米雄穗套袋时，隔离区转基因玉米的基因漂移频率与对照区相比进一步降低，当距离隔离措施≥1 m 时，就可以控制基因漂移率<0.1%。这将大大减少自然条件下种植转基因玉米所需的隔离距离。

花粉扩散事件以西、西南和南方位为主，北、东北和东方位较少发生。这主要与海南从 9 月或 10 月到翌年 2 月或 3 月盛行风向以东北风为主有关；根据玉米花期气象信息，上述高漂移率的区域在花粉供体区的主流风下风向，而低漂移频率的区域在花粉供体区的主流风上风向，这与影响花粉扩散的主要因子是风向和风速基本一致（Song et al.，2003，2004）。

从实验结果来看，8 个方位玉米花粉的基因漂移率均随着离花粉供体区距离的增加而降低，即花粉漂移频率随距离的增加而降低；1.0 m 处玉米花粉漂移率最大；在没有任何隔离措施的条件下，花粉最大漂移频率可达 12%～13%，30 m 以上 8 个方向的漂移率最大到 0.01%～0.02%，远低于 0.1% 的阈值要求。离花粉供体区越近，不同方位相同距离处的玉米基因漂移率差异越大；离花粉供体区越远，不同方位相同距离处的玉米基因漂移率差异越小；风对花粉扩散的作用随与花粉供体区距离的增加而降低，因为随着与花粉供体区距离的增大，空气中的花粉密度逐渐降低（Song et al.，2005）。玉米是一种风媒植物。因此，空气中花粉的含量随着与花粉源距离的增大而减少（Jarosz et al.，2005）。因此，在面向玉米供体田地的玉米受体田地边缘的前几米处，异交率总是最高的（Langhof et al.，2015）。这与许多研究的结果一致，从转基因玉米到非转基因玉米，花粉的基因漂移率随着距离的增加而显著减少（Pasquet et al.，2008）。对于风媒传粉者来说，玉米花粉相对较重；尽管有许多因素影响花粉的传播，但大多数花粉在短距离内会相对迅速地沉降下来，并且很可能没有机会与这些因素中的大多数发生相互作用（Bannert et al.，2007）。当垂直风将花粉带出隔离装置时，大部分花粉也会在较短距离内沉降，但沉降过程中会出现抛物线弧，因此隔离区内多个方向 3 m 的异交率将大于 1 m 的异交率（见表 12-1、表 12-2）。设置隔离措施和增加隔离距离是防止玉米花粉介导基因漂移的最佳途径。

将高粱作为转基因玉米的隔离措施，转基因玉米的平均基因漂移率可以从 9.35% 降至 1.04%，高粱屏障对花粉漂移的最大距离影响不大，与风向和风速密切相关。最大基因漂移距离在对照区（没有隔离措施）和高粱隔离区分别为 300 m 和 350 m（Liu et al.，2015）。玉米带防护区背风面风速分布特征与隔离布隔离防护区背风面基本相同，但玉米带防护区背风面风速最大降低幅度平均为 34% 和 49%，明显低于隔离布隔离防护区背风面（64% 和 80%），因此玉米带防护效果不如隔离布。防护风障对于控制转基因作物花粉扩散有重要作用，防护风障最首要的作用即是降低风速、降低农作物的风害风险和土壤风蚀（Cornelis et al.，2005；Cleugh，1998）。隔离布是田间常用的防护风障材料，但该技术稳定性差，而且相关的研究报道很少，尤其是基础研究十分缺乏，隔离风障高度、距离等技术指标亦无全国统一标准。

杨光华等（2018）采用防虫网的隔离方式来控制花粉漂移频率的研究表明，利用防虫网隔离时，隔离高度应高出玉米株高至少 1.0 m，才能起到较好的隔离效果。当基因漂移率阈值为 1% 时，用孔径尺寸为 150 目、200 目和 250 目的隔离网作隔离措施，均可将花粉漂移的最远临界距离控制在 20 m 内；当基因漂移率的阈值为 0.1% 时，150 目和 200 目隔离网不能将最远漂移距离控制在期望范围内，甚至在平均风速较大的乐东地区，与对照一样，最远漂移距离超过 50 m；而 250 目的隔离网可以将最远临界距离控制在期望（20～30 m）内，大大缩短了隔离距离。鉴于我国对转基因产品的定性标识政策，应考虑 250 目以上的隔离网来作为转基因玉米基因漂移的隔离防控措施，250 目隔离网有效控制玉米花粉漂移的适合高度是高于株高 2.5 m。隔离网越高，抗风能力会超差。结果表明，高于转基因玉米高度 2.5 m、孔径大小 250 目（孔径为 58 μm）的隔离网可以控制基因漂移的距离在 20～30 m 的范围内，这意味着可以大大减少符合最大基因漂移率（0.1%）的必要隔离距离，但当隔离网高度较高时，在强风作用下，隔离网容易破碎或被吹倒，不利于基因漂移的防治（谭燕华等，2020）。

经过两个生长季，本研究发明的新型隔离装置克服了之前隔离措施的不足，同时又能有效地降低花粉的基因漂移率，而且这种隔离装置可以拆卸和重复使用，相当于可移动的隔离墙。最重要的是可以大大地降低基因漂移频率，缩短玉米种植时的隔离距离，提高种子纯度，满足近距离隔离育种的要求。

参考文献

郭孝孝，罗虎，邓立康，2017. 全球燃料乙醇行业进展[J]. 当代化工，45（9）：2244-2248.

刘晓农，叶萍，钟筱红，2010. 转基因生物的标识问题及管理对策[J]. 南昌大学学报：人文社会科学版，41（4）：4.

刘旭霞，张楠，2017. 中美转基因作物种植管理制度比较[J]. 中国生物工程杂志，37（8）：119-127.

龙阳，谢艳辉，袁俊杰，等，2018. 我国转基因食品标识制度完善政策[J]. 食品工业科技，39（18）：311-314.

娄岩，2019. 美国燃料乙醇行业发展现状与启示[J]. 国际石油经济，27（9）：99-106.

卢宝荣，夏辉，2011. 转基因植物的环境生物安全：转基因逃逸及其潜在生态风险的研究和评价[J]. 生命科学，23（2）：186-194.

谭燕华，谢翔，周霞，等，2020. 南繁地区筛网用于转基因玉米种植隔离距离控制条件的研究[J]. 热带作物学报，41（5）：851-858.

徐琳杰，刘培磊，李文龙，等，2018. 国际转基因标识制度变动趋势分析及对我国的启示[J]. 中国生物工程杂志，38（9）：94-98.

徐琳杰，刘培磊，熊鹏，等，2014. 国际上主要国家和地区农业转基因产品的标识制度[J]. 生物安全学报，23（4）：301-304.

闫硕，朱家林，朱威龙，等，2017. 风速对转基因棉花基因漂移的影响[J]. 生态学杂志，36（8）：2217-2223.

杨光华，王学林，曹明，等，2018. 防虫网隔离对玉米花粉扩散的影响[J]. 河南农业科学，47（3）：14-18.

Amsellem L，Noyer J L，Hossaert-McKey M，2001. Evidence for a switch in the reproductive biology of *Rubus alceifolius*（Rosaceae）towards apomixes，between its native range and its area of introduction[J]. American Journal of Botany，88（12）：2243-2251.

Baltazar B M，Castro Espinoza L，Espinoza Banda A，et al.，2015. Pollen-mediated gene flow in maize：implications for isolation requirements and coexistence in Mexico，the center of origin of maize[J]. PLoS One，10（7）：e0131549.

Bannert M，Bannert P，2007. Cross-pollination of maize at long distance[J]. European Journal of Agronomy，27（1）：44-51.

Chen H, Lin Y J, Zhang Q F, 2009. Review and prospect of transgenic rice research[J]. Chinese Science Bulletin, 54 (22): 4049-4068.

Cleugh H A, 1998. Effects of windbreaks on airflow, microclimates and crop yields[J]. Agroforestry Systems, 41: 55-84.

Cornelis W M, Gabriels D, 2005. Optimal windbreak design for wind-erosion control[J]. Journal of Arid Environments, 61 (2): 315-332.

Devaux C, Lavigne C, Austerlitz F, et al., 2007. Modelling and estimating pollen movement in oilseed rape (*Brassica napus*) at the landscape scale using genetic markers[J]. Molecular Ecology, 16 (3): 487-499.

Devos Y, Demont M, Sanvido O, 2008. Coexistence in the EU-return of the moratorium on GM crops? [J]. Nature Biotechnology, 26 (11): 1223-1225.

Di-Giovanni F, Kevan P G, Nasr M E, 1995. The variability in settling velocities of some pollen and spores[J]. Grana, 34 (1): 39-44.

Garnier A, Pivard S, Lecomte J, 2008. Measuring and modeling anthropogenic secondary seed dispersal along roadverges for feral oilseed rape[J]. Basic and Applied Ecology, 9 (5): 533-541.

Gressel J, 2015. Dealing with transgene flow of crop protection traits from crops to their relatives[J]. Pest Management Science, 71 (5): 658-667.

Hu N, Hu J C, Jiang X D, et al., 2014. Establishment and optimization of a regionally applicable maize gene-flow model[J]. Transgenic Research, 23 (5): 795-807.

Jarosz N, Loubet B, Durand B, et al., 2005. Variations in maize pollen emission and deposition in relation to microclimate[J]. Environmental Science & Technology, 39 (12): 4377-4383.

Langhof M, Gabriel D, Rühl G, 2015. Combination approach of border rows and isolation distance for securing coexistence of non-genetically modified and genetically modified maize[J]. Crop Science, 55 (4): 1818-1826.

Langhof M, Hommel B, Hüsken A, et al., 2008. Coexistence in maize: do nonmaize buffer zones reduce gene flow between maize fields? [J]. Crop Science, 48 (1): 305-316.

Langhof M, Hommel B, Hüsken A, et al., 2010. Coexistence in maize: isolation distance independence on conventional maize field depth and separate edge harvest[J]. Crop Science, 50: 1496-1508.

Langhof M, Hommel B, Hüsken A, et al., 2013. Do low-growing gap crop types affect pollen-mediated gene flow in maize? [J]. Crop Science, 53 (6): 2652-2658.

Liu Y B, Chen F J, Guan X, et al., 2015. High crop barrier reduces gene flow from transgenic to conventional maize in large fields[J]. European Journal of Agronomy, 71: 135-140.

Luna S V, Figueroa J M, Baltazar B M, et al., 2001. Maize pollen longevity and distance isolation requirements for effective pollen control[J]. Crop Science, 41 (5): 1551-1557.

Marceau A, Loubet B, Andrieu B, et al., 2011. Modeling diurnal and seasonal patterns of maize pollen emission in relation to meteorological factors[J]. Agricultural and Forest Meteorology, 151 (1): 11-21.

Messeguer J, Peñas G, Ballester J, et al., 2006. Pollen-mediated gene flow in maize in real situations of coexistence[J]. Plant Biotechnology Journal, 4 (6): 633-645.

Pasquet R S, Peltier A, Hufford M B, et al., 2008. Long-distance pollen flow assessment through evaluation of pollinator foraging range suggests transgene escape distances[J]. Proceedings of the National Academy of Sciences of the United States of America，105（36）：13456-13461.

Pla M，La Paz J L，Peñas G，et al.，2006. Assessment of real-time PCR based methods for quantification of pollen-mediated gene flow from GM to conventional maize in a field study[J]. Transgenic Research，15（2）：219-228.

Rodriguez J G F，Sanchez-Gonzalez J J，Baltazar M B，et al.，2006. Characterization of floral morphology and synchrony among Zea species in Mexico[J]. Maydica，51（2）：383-398.

Sanchez O J，Cardona C A，2008. Trends in biotechnological production of fuel ethanol from different feedstocks[J]. Bioresource Technology，99（13）：5270-5295.

Song Z P，Li B，Chen J K，et al.，2005. Genetic diversity and conservation of common wild rice（*Oryza rufipogon*）in China[J]. Plant Species Biology，20（2）：83-92.

Song Z P，Lu B R，Chen J，2004. Pollen flow of cultivated rice measured under experimental conditions[J]. Biodiversity&Conservation，13（3）：579-590.

Song Z P，Lu B R，Zhu Y G，et al.，2003. Gene flow from cultivated rice to the wild species *Oryza rufipogon* under experimental field conditions[J]. New Phytologist，157（3）：657-665.

Sticklen M B，2009. Expediting the biofuels agenda via genetic manipulations of cellulosic bioenergy crops[J]. Biofuels Bioproducts & Biorefining，3（4）：448-455.

Yan S，Zhu J L，Zhu W L，et al.，2015. Pollen-mediated gene flow from transgenic cotton under greenhouse conditions is dependent on different pollinators[J]. Scientific Reports，5（1）：15917.

Yan S，Zhu W L，Zhang B Y，et al.，2018. Pollen-mediated gene flow from transgenic cotton is constrained by physical isolation measures[J]. Scientific Reports，8（1）：2862.

Zhang K，Li Y，Lian L，2011. Pollen-mediated transgene flow in maize grown in the Huang-huai-hai region in China[J]. The Journal of Agricultural Science，149（2）：205-216.

（张丽丽　贾瑞宗　郭静远　刘标）

第13章 转 *vip3Aa19* 和 *pat* 基因抗虫耐除草剂 玉米 C0063.3 生存竞争能力检测

13.1 引言

随着转基因技术的发展，不同的外源基因赋予了转基因玉米不同的性状，如抗虫、耐除草剂、抗旱等（孙越等，2015），可有效减少玉米的生产、管理成本（Pellegrino et al.，2018；国际农业生物技术应用服务组织，2021）。但是转基因玉米在获得上述优良性状的同时，也有可能以杂草的形式影响其他作物的正常繁育。因此，相对于传统的常规玉米材料，转基因玉米具有的优良性状是否会使转基因玉米在农田生态系统和自然生态系统中获得一定的竞争优势是转基因环境安全评价的重要内容。

转基因作物的生态安全性问题涉及转基因作物的基因漂移风险、对生物多样性的影响以及杂草化风险等（刘华锋等，2013）。当转基因作物逃逸至自然生态系统时，因具有特异性状，其通常具有较强的"选择优势"，有可能使其演化为"超级杂草"。目前已有多例转基因作物演变为杂草的报道（Hall et al.，2000；Beckie et al.，2001；Orson，2002）。在美国中北部地区，随着转基因抗性作物的大面积种植，具有除草剂抗性的向日葵、玉米和油菜自生苗是后茬种植大豆田中的主要杂草。在加拿大西部，发现了耐除草剂转基因油菜自生苗，而转基因小麦种子可以在土壤中存活至少 5 年，有成为后茬作物中"疑难杂草"的可能（苏少泉，2003；杨春燕，2016）。目前我国尚未有关转基因玉米自身演化为杂草的报道，所以在转基因玉米推广前进行生存竞争能力评估试验十分必要。

本研究拟通过调查转化体 C0063.3、受体品种 DBN567 在荒地播种后的玉米出苗率、杂草覆盖度、玉米覆盖度和在耕地竞争能力试验中各生育时期的株高、产量以及发芽率等情况，确定转化体 C0063.3 的生存竞争能力。

13.2　材料与方法

13.2.1　材料

本试验所用的材料为转化体 C0063.3 以及受体品种 DBN567。

13.2.2　荒地生存竞争能力检测

每个小区面积为 6 m²（2 m×3 m），4 次重复。荒地竞争试验设计见表 13-1，播种后不进行任何栽培管理。

表 13-1　荒地竞争试验设计

播期	播种方式	重复数	播种粒数
2020 年 4 月 30 日	穴播	4 次	150 粒/小区
	撒播	4 次	150 粒/小区
2020 年 5 月 30 日	穴播	4 次	150 粒/小区
	撒播	4 次	150 粒/小区
2020 年 6 月 30 日	穴播	4 次	150 粒/小区
	撒播	4 次	150 粒/小区

调查方法：采用对角线 5 点取样法，每点取 0.25 m² 的面积。

调查时期及内容：①播前调查一次试验小区的杂草种类、数量，按植株垂直投影面积占小区面积的比例估算覆盖率。②玉米播种后 30 天，调查玉米出苗率。③玉米播种后 30 天开始，至玉米成熟，每月调查 1 次，调查并计算玉米的覆盖度和杂草的覆盖度。

13.2.3　栽培地生存竞争能力检测

在国家标准中，对玉米栽培地生存竞争能力检测试验的种植管理方式与生物多样性试验的管理方式要求一致。

栽培地生存竞争能力调查内容为：在玉米苗期（定苗后 7 天）、心叶中期（小喇叭口期）、心叶末期（大喇叭口期）、抽雄期以及吐丝期，每点调查 10 株玉米的株高，并估算覆盖率。在成熟期，每小区收获 20 株玉米果穗，比较转化体与受体品种在种子产量方面的差异，并对收获的种子进行发芽率检测，按照《农作物种子检验规程　发芽试验》（GB/T 3543.4—1995）规定的方法进行。

13.2.4 数据分析

使用 IBM SPSS Statistics 20 软件，采用方差分析方法比较转化体 C0063.3 及受体品种 DBN567 生存竞争能力的差异。

13.3 结果

13.3.1 荒地生存竞争能力调查结果分析

荒地生存竞争试验田中，杂草主要有反枝苋、苘麻、牛筋草、狗尾草、藜等，数量较少的有铁苋菜、刺儿菜、马唐、苍耳、酸摩叶蓼、荠菜、小飞蓬、苣荬菜等。

数据统计结果显示，转化体 C0063.3 与受体品种 DBN567 在出苗率、杂草种类、杂草覆盖度等方面，在不同的播种方式、不同播种时期处理时，均无显著差异（见表 13-2、表 13-3）：①第Ⅰ期以及第Ⅱ期播种时，杂草覆盖度很低，玉米有较高的出苗率。5 cm 深播地表撒播出苗率间无显著差异，出苗率均在 80% 左右。②第Ⅲ期播种时田间杂草已有 90% 以上的覆盖度，因此玉米材料的出苗率均很低，尤其是地表撒播出苗率为 0，深播虽有出苗，但受杂草影响，出苗玉米长势很弱，后期调查发现全部死亡。

因此，与受体品种 DBN567 相比，转化体 C0063.3 无竞争优势，试验过程中并未发现转化体 C0063.3 对试验区内及周围杂草产生影响。

表 13-2　荒地条件下杂草密度及覆盖度

播种时间	播种方式	玉米材料	播后 1 个月		播后 2 个月		播后 3 个月	
			杂草密度/（株/m²）	覆盖度/%	杂草密度/（株/m²）	覆盖度/%	杂草密度/（株/m²）	覆盖度/%
4月30日	5 cm穴播	C0063.3	54.3±16.7a	37.5±9.6a	49.3±8.5a	70.0±8.2a	44.0±12.6a	82.5±5.0a
		DBN567	37.5±9.6a	37.5±9.6a	43.5±5.8a	77.5±5.0a	34.8±7.1a	87.5±5.0a
	地表撒播	C0063.3	38.3±6.6a	36.3±12.5a	26.8±4.8a	67.5±15.0a	26.0±8.1a	85.0±5.8a
		DBN567	41.3±4.0a	43.8±11.1a	28.5±3.3a	62.5±9.6a	26.8±9.3a	87.5±5.0a
5月30日	5 cm穴播	C0063.3	41.3±15.4a	57.5±9.6a	36.3±13.2a	72.5±5.0a	31.3±9.5a	60.0±40.8a
		DBN567	37.0±4.7a	41.3±8.5a	30.0±6.8a	75.0±5.8a	26.0±4.3a	77.5±9.6a
	地表撒播	C0063.3	40.5±3.9a	62.5±9.6a	27.3±5.9a	85.0±5.8a	25.8±4.6a	85.0±5.8a
		DBN567	32.5±6.4a	50.0±8.2a	25.3±7.7a	82.5±5.0a	25.5±5.4a	85.0±5.8a
6月30日	5 cm穴播	C0063.3	37.5±4.1a	95.0±4.1a	35.3±7.3a	100.0±0.0a	28.5±5.8a	86.3±4.8a
		DBN567	37.8±4.3a	96.3±4.8a	34.8±5.1a	100.0±0.0a	25.3±2.6a	86.3±7.5a
	地表撒播	C0063.3	37.0±6.3a	100.0±0.0a	32.8±4.6a	100.0±0.0a	30.3±3.6a	88.8±4.8a
		DBN567	35.5±3.3a	100.0±0.0a	31.3±1.3a	100.0±0.0a	26.5±1.3a	86.3±4.8a

注：同一播种时间、同一播种方式、同一调查时间内字母相同表示不同玉米材料之间差异不显著。

表 13-3　荒地条件下玉米密度及覆盖度

播种时间	播种方式	玉米材料	播后 1 个月		播后 2 个月	播后 3 个月
			玉米密度/（株/小区）	覆盖度/%	覆盖度/%	覆盖度/%
4月30日	5 cm穴播	C0063.3	120.3±8.6a	30.0±0.0a	30.0±8.2a	30.0±8.2a
		DBN567	128.5±10.5a	30.0±8.2a	20.0±0.0a	18.8±8.5a
	地表撒播	C0063.3	126.3±10.8a	27.5±5.0a	32.5±15.0a	27.5±9.6a
		DBN567	132.5±9.5a	27.5±5.0a	37.5±9.6a	32.5±9.6a
5月30日	5 cm穴播	C0063.3	130.0±1.6a	31.3±8.5a	33.8±4.8a	26.3±4.8a
		DBN567	137.8±10.0a	37.5±5.0a	45.0±5.8a	35.0±4.1a
	地表撒播	C0063.3	135.0±11.0a	21.3±6.3a	27.5±5.0a	23.8±4.8a
		DBN567	142.8±1.7a	30.0±8.2a	30.0±8.2a	23.8±4.8a
6月30日	5 cm穴播	C0063.3	66.3±19.6a	7.5±2.9a	0.0±0.0a	0.0±0.0a
		DBN567	66.3±13.3a	6.3±2.5a	0.0±0.0a	0.0±0.0a
	地表撒播	C0063.3	0.0±0.0a	0.0±0.0a	0.0±0.0a	0.0±0.0a
		DBN567	0.0±0.0a	0.0±0.0a	0.0±0.0a	0.0±0.0a

注：同一播种时间、同一播种方式、同一调查时间内字母相同表示不同玉米材料之间差异不显著。

13.3.2　栽培地生存竞争能力调查结果分析

栽培地生存竞争试验中，转化体 C0063.3 与受体品种 DBN567 在长势、株型、生育期等方面无显著差异，二者在各生育时期的株高方面也无差异（见表 13-4），吐丝期的平均株高分别为 261.4 cm、258.3 cm。

表 13-4　栽培地条件下玉米各生育期株高　　　　单位：cm

玉米材料	定苗后 7 天	小喇叭口期	大喇叭口期	抽雄期	吐丝期
C0063.3	53.3±4.3a	82.2±4.7a	150.3±3.6a	229.5±4.5a	261.4±4.6a
DBN567	53.5±4.1a	81.7±4.3a	150.8±4a	228.6±9.5a	258.3±5.7a

注：同一调查时间字母相同表示不同玉米材料之间差异不显著。

栽培地玉米采收后，对各处理收获的 20 穗玉米进行称重，发现转化体 C0063.3 与受体品种 DBN567 玉米种子的标准产量分别为 4.29 kg 和 4.13 kg，产量差异不显著（见表 13-5）。

栽培地玉米采收后，转化体 C0063.3 与受体品种 DBN567 玉米种子的发芽率分别为 96.75% 和 95.75%，发芽率差异不显著（见表 13-5）。

表 13-5　栽培地条件下玉米产量及发芽率

材料	产量/（kg/20 穗）	发芽率/%
C0063.3	4.29±0.31a	96.75±2.06a
DBN567	4.13±0.51a	95.75±3.30a

注：同一调查指标字母相同表示不同玉米材料之间差异不显著。

13.4　讨论

外源基因在帮助作物获得特定性状的同时，也有可能改变作物的营养繁殖等指标，改变作物原有的生存竞争能力。一方面，生存竞争能力的变化可能使作物丧失竞争力；另一方面，当生存竞争能力更强时，则有演变为"超级杂草"、挤占其他植物生长的风险。转基因作物获得对杀虫剂、除草剂抗性的同时是否会显著增强其生存竞争能力和繁育能力，以杂草的形式掠夺其他植物的生存空间，威胁农业生产，是转基因作物商业化种植前必须摸清的问题。因此，有必要对转基因作物的生存竞争能力进行评价。

前期已有对转基因抗虫玉米生存竞争能力进行评价的报道。虽然转 *cry1Ac* 基因抗虫玉米生存竞争能力相较其受体有所增加，但是相较杂草仍然没有竞争优势，没有演变成杂草的趋势，因此对荒地生态影响较小（陈小文等，2012）。赵方方（2018）检测抗虫耐除草剂转基因玉米吉抗 309 的生存竞争能力，发现吉抗 309 与对应非转基因受体以及当地主栽玉米材料相比无竞争优势；在水分和养分方面与杂草相比无竞争优势，发芽率与常规玉米相比亦无显著差异，因此判断该转基因玉米不会演变为杂草。

本研究中转化体 C0063.3 和受体品种 DBN567 在荒地和栽培地条件下，其出苗率、生长势、生育期、株高、产量等方面均无显著差异。与杂草的竞争方面，转化体 C0063.3 和受体品种 DBN567 之间均无显著差异。试验过程中没有发现转化体 C0063.3 对试验区内及周围植物种类有影响作用，因此判断转 *vip3Aa19* 和 *pat* 基因抗虫耐除草剂玉米 C0063.3 演变为杂草的可能性较小。

参考文献

陈小文，李吉崇，郭玉海，等，2012. 抗虫转基因玉米荒地生存竞争力评价[J]. 杂草科学，30（1）：31-34.

国际农业生物技术应用服务组织，2021. 2019 年全球生物技术/转基因作物商业化发展态势[J]. 中国生物工程杂志，41（1）：114-119.

刘华锋，沈海滨，2013. 浅谈转基因技术对生物多样性的影响——从转基因食品谈起[J]. 世界环境，（4）：34-38.

沈平，章秋艳，林友华，等，2016. 推进我国转基因玉米产业化的思考[J]. 中国生物工程杂志，36（4）：

24-29.

苏少泉，2003. 转基因作物的风险及其食品安全性的争论（续）[J]. 现代化农业，（2）：7-11.

孙越，刘秀霞，李丽莉，等，2015. 兼抗虫、除草剂、干旱转基因玉米的获得和鉴定[J]. 中国农业科学，48（2）：14.

吴孔明，刘海军，2014. 中国转基因作物的环境安全评介与风险管理[J]. 华中农业大学学报，33（6）：112-114.

杨春燕，2016. 浅谈转基因作物的利弊与展望[J]. 农技服务，33（7）：174，172.

赵宝广，曹宝祥，栾凤侠，等，2020. 转 G2-EPSPS 和 GAT 基因大豆栽培地生存竞争能力以及对节肢动物多样性的影响[J]. 中国生物防治学报，36（6）：954-962.

赵方方，2018. 抗虫耐除草剂转基因玉米吉抗 309 的环境安全评价和营养成分分析[D]. 哈尔滨：哈尔滨师范大学.

Beckie H J，Hall L M，Warwick S I，2001. Impact of herbicide-resistant crops as weeds in Canada[C]. Proceedings Brighton Crop Protection Conference：Weeds：135-142.

Hall L，Topinka K，Huffman J，et al.，2000. Pollen flow between herbicide-resistant *Brassica napus* is the cause of multiple-resistant *B. napus* volunteers[M]. Weed Science，48：688-694.

Orson J，2002. Gene stacking in herbicide tolerant oilseed rape：lessons from the North American experience[R]. English Nature Research Reports，No.443：1-17.

Pellegrino E，Bedini S，Nuti M，et al.，2018. Impact of genetically engineered maize on agronomic，environmental and toxicological traits：a meta-analysis of 21 years of field data[J]. Scientific Reports，8（1）：6485.

（刘来盘　方志翔　殷鑫　刘标）

第 14 章　抗虫耐除草剂转基因玉米对温室气体排放及根际土壤微生物的影响

14.1　引言

　　转基因作物在生长过程中通过植物残茬和根系分泌物等代谢物质与土壤生态系统时刻进行物质和能量的交换，植物、土壤、微生物之间构成的体系必然会发生改变，这将直接影响体系中碳和氮的周转与平衡。植物根系从土壤环境中吸取植物生长代谢所需要的物质，同时为根际微生物提供了丰富的营养和能量，使植物根际中的微生物数量和活性显著高于根外土壤（Liu et al.，2005）。转基因作物在生长过程中，会通过根系分泌外源基因表达产物，从而对周围土壤环境产生影响。在植株收获后，植株的残体在土壤中被微生物降解，以及在抽雄过程中通过花粉进入土壤，这些都可能使土壤环境发生变化。土壤微生物在催化有机质分解和养分循环反应中发挥着重要作用，涉及能量转移、环境质量和作物生产力。外源基因转入可能会改变植株的生理代谢和植株根际土壤微环境，这些都可能对根际土壤微生物群落产生影响（Yang et al.，2012）。由于外源基因的插入，转基因作物生理生化性状发生改变，根系分泌物成分也随之改变，在生长期间会改变农田土壤生物群落组成和多样性（Han et al.，2013；Han et al.，2018）。Li 等（2013）发现抗虫转基因棉花的根系分泌物中脂肪酸减少而烷烃增加。另外，转 *Bt* 基因作物的茎、叶中含有 Bt 毒蛋白，形成凋落物后，这些蛋白会进入土壤，根系也会向土壤中分泌少量 Bt 毒蛋白（孙彩霞等，2005）。毒蛋白分泌量还与作物生长期有关。Yang 等（2012）检测到花期土壤根际 Bt 蛋白含量最高，达到 56 ng/g。微生物在土壤生态系统物质循环和能量流动中起着非常重要的作用。土壤微生物群落的改变对生态环境会产生深远的影响。转基因作物根系分泌物和凋落物可能对土壤微生物群落产生影响。因此评价种植转基因作物对微生物群落及重要生态功能的影响十分必要（Liu et al.，2005；Han et al.，2013）。近年来，微生物检测技术持续发展，在土壤微生物群落研究中广泛应用（Daghio et al.，2015），先进的高通量测序技术联用定量 PCR 分析可更全面准确地分析土壤微生物群落结构，有助于阐明转基因作物对土壤微生物群落的影响。

农业是重要的温室气体排放源，贡献了全球大约 14%的温室气体排放，包括全球 CH_4 排放的 52%以及全球 N_2O 排放的 84%（Cai et al.，2003）。农业来源的 N_2O 排放主要来自施加肥料的土壤。研究发现，农业土壤 CO_2 排放主要受植株生物量、光合作用能力等植株性状的影响，而土壤 CH_4 和 N_2O 排放易受植株根际微环境（如底物浓度、含水量、氧化还原电位等）变化的影响（IPCC，2014）。前期研究已发现外源基因的插入引起水稻生长指标（如根系分泌物、株高、生物量等）的变化，且该变化显著影响了稻田土壤温室气体排放（Han et al.，2013）。旱地土壤温室气体产排特征不同于水田，种植转基因作物对旱地土壤温室气体排放影响的结论还不一致。评价抗虫转基因玉米的温室气体减排效益是转基因作物生态风险评价的重要部分，具有重要的研究意义。另外，转基因作物种植过程中管理措施、农资投入等也会带来碳排放，因此评估转基因玉米全生命周期碳排放具有重要意义。

本研究以抗虫耐除草剂转基因玉米及其亲本非转基因玉米为研究材料，设置温室玉米微区种植实验，测定玉米生长期内温室气体排放速率，并采用全生命周期评价（Life Cycle Assessment，LCA）方法评估玉米生长阶段各环节的碳排放量，明确种植抗虫耐除草剂转基因玉米对温室气体及碳排放的影响；测定玉米根际土壤细菌和真菌群落丰度与组成，研究种植抗虫耐除草剂转基因玉米对根际土壤微生物的影响，为科学评价抗虫耐除草剂转基因玉米自然生态风险提供理论数据和技术支撑。

14.2 材料与方法

14.2.1 研究材料

本研究中供试玉米品种为浙江大学培育的转 *cry1Ab/cry2Aj* 和 *G10evo-epsps* 基因抗虫耐除草剂玉米双抗 12-5（GM），以及其亲本非转基因玉米瑞丰-1（CK）。

14.2.2 研究材料玉米微区种植

本研究严格按照我国《农业转基因生物安全管理条例》相关要求，在南京师范大学仙林校区温室内设置微区种植实验。转基因玉米种植试于温室小区（1 m^2）种植 GM 玉米和 CK 玉米，每个处理种植 4 个小区，每个小区种植 4 株玉米。每个小区各埋入 1 个采气箱底座（0.5 m×0.5 m），底座内种植 1 株玉米（见图 14-1）。玉米生长全生命周期内农业投入种类及投入量见表 14-1。

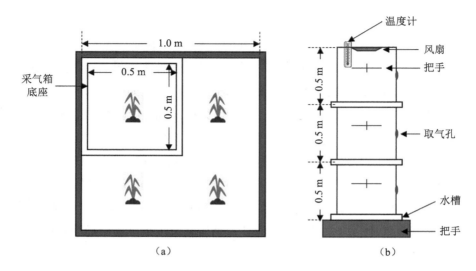

图 14-1 温室小区玉米种植示意图（a）和温室气体采集静态箱示意图（b）

表 14-1 玉米生长全生命周期内农业投入种类及投入量

农业投入种类		单位	CK 玉米生长期（人工除草[②]）	CK 玉米生长期（除草剂除草）	GM 玉米生长期（除草剂除草）
种子		kg/hm²	30	30	30
肥料[①]	氮肥（尿素+复合肥）	kg N/hm²	398	398	398
	磷肥（复合肥）	kg P₂O₅/hm²	110	110	110
	钾肥（复合肥）	kg K₂O/hm²	58	58	58
除草剂	乙草胺（播种后），含量为50%	kg/hm²	0.975	0.975	0.975
	硝磺草酮（苗期除草），含量为38%	kg/hm²	0	1.5	0
	草甘膦（3～4 叶期除草），含量为30%	kg/hm²	0	0	1.125
杀虫剂	甲维盐，含量为3%，营养生长期及生殖生长期共 4 次	kg/hm²	1.2	1.2	0
	茚虫威，含量为42%，营养生长期及生殖生长期共 4 次	kg/hm²	1.2	1.2	0
劳动力	施除草剂	元/hm²	1 500	3 000	3 000
	施杀虫剂	元/hm²	6 000	6 000	0
	人工除草	元/hm²	3 000	0	0
	其他（包括耕地、播种、浇水、日常管理、收获等措施）	元/hm²	6 714.8	6 714.8	6 714.8
灌溉电能/机械柴油		元/hm²	225	225	225

注：①肥料形式：每亩 50 kg 尿素和 20 kg 复合肥。
②人工除草和除草剂除草是指玉米出苗后田间杂草管理方式，出苗前均采用乙草胺统一除草。

14.2.3 温室气体采集与计算

温室气体（CH_4、N_2O、CO_2）的采集采用密闭静态箱法，箱体包括顶箱和底座两部分。采集气体样本前，在水槽内加入水，然后将采气箱放入水槽内，在采气箱放入水槽内的 0 min、10 min、20 min、30 min 采集箱内气体；每次采样时，需用注射器抽提 3 次箱内气体以混匀气体，用 20 mL 注射器于规定采样时间抽取箱内气体，并记录采样箱内温度，需尽早完成气体浓度的测定。在玉米生长期内，采气频率为平均每 3 天监测 1 次，时间均为上午 7：30—10：30，气温和地表温度与温室气体排放同期观测。采样结束后，立即移开采样箱。气体采集后，CH_4、N_2O 和 CO_2 的浓度用 Aglient7890B 气相色谱仪进行测定，检测器为火焰离子检测器和电子捕获检测器。

14.2.4 全生命周期计算原则和计算方法

首先，在计算全生命周期碳排放量时，通常不考虑 CO_2 排放量，因此按照温室气体 100 年全球增温潜势将 N_2O 和 CO_2 排放全部折算成实测碳排放量（见表 14-2）；其次，将玉米地下生物量碳含量乘以腐殖化系数，计算地下部分碳固定量；再次，将玉米生长全生命周期内肥料、除草剂、杀虫剂、劳动力等农业投入（见表 14-1）按照碳排放量折算系数（见表 14-3）换算成碳排放量后，计算农业投入碳排放量。实测碳排放量和农业投入碳排放量相加，减去地下部分碳固定量，获得玉米生长全生命周期碳排放量［式（14-1）］。

表 14-2 温室气体全球增温潜势

温室气体种类	20 年全球增温潜势转换系数	100 年全球增温潜势转换系数（常用参数，本研究选此参数计算）
CH_4	72	25
N_2O	289	298

数据来源：IPCC，2014。

表 14-3 农田农业投入碳排放量折算系数

农业投入种类	单位	折算系数	参考文献
种子	kg/kg	1.05	Lal，2014
氮肥（Urea-N）	kg/kg	1.74	Lal，2014；陈舜等，2015；逯非等，2008；段智源等，2014
磷肥（P_2O_5）	kg/kg	0.20	
钾肥（K_2O）	kg/kg	0.15	
除草剂	kg/kg	6.3	Lal，2014
杀虫剂	kg/kg	5.1	Lal，2014；West et al.，2002
劳动力	kg/万元	1 063	参照 2018 年中国碳排放量 9 570.8 亿 t CO_2（来源于国际能源署）及当年全国 GDP 为 900 309.5 亿元（来源于《中国统计年鉴》），计算单位 GDP 碳排放强度

$$C_{LAC} = C_{GHGs} - BC_{Underground} \times k + \sum_{i=1}^{n}(H \times x) \qquad (14\text{-}1)$$

式中：C_{LAC} ——全生命周期碳排放量，kg/hm²；

C_{GHGs} ——温室气体碳排放量，kg/hm²；

$BC_{Underground}$ ——地下部分生物量碳含量，kg/hm²；

k ——地下部分一年内腐殖化系数，取 47.6%（佟国良等，1988）；

n ——农业投入种类；

H ——每种农业投入量，kg/hm² 或万元/hm²；

x ——农业投入碳排放量折算系数，kg/kg 或 kg/万元。

14.2.5 玉米根际土壤采集

在玉米生长的拔节期（S1）和成熟期（S2）选择长势一致的玉米进行破坏性采样，小心挖出玉米根系，采用抖落法去除黏附在玉米根系表面的土壤直至无法抖落，采用干净毛刷将牢固黏附在玉米根系上的土壤收集起来，作为根际土壤。将分离得到的根际土壤立刻转运回实验室，过 2 mm 筛，一部分根际土壤装入 2 mL 离心管中，于−80℃保存，用于微生物群落分析；另一部分根际土壤于 4℃下保存，用于土壤理化性质和生态功能测定分析，其中生态功能需 1 周内分析完毕。

14.2.6 土壤性质分析

土壤 pH 按照土水体积比 1∶2.5 并充分振荡摇匀静置后测定。无机氮（包含硝态氮和铵态氮）采用 2 mol/L 的氯化钾溶液浸提，滤液经流动分析仪测定。土壤可溶性有机碳（DOC）和总有机碳（TOC）采用 TOC 自动分析仪测定。土壤总碳（TC）和总氮（TN）采用元素分析仪测定。土壤有效磷（AP）采用碳酸氢钠浸提-钼锑抗分光光度法。土壤速效钾（AK）采用乙酸铵-原子吸收法测定。

14.2.7 土壤生态功能分析

14.2.7.1 土壤呼吸强度测定

利用一定浓度的 NaOH 溶液吸收土壤呼吸所释放出的 CO_2，然后利用标准 HCl 溶液滴定剩余的 NaOH，根据 NaOH 溶液的消耗量，计算出 CO_2 的释放量。称取相当于 20.0 g 干土重的新鲜土壤于 250 mL 三角瓶中（为了增强呼吸作用，土壤中可加入 0.1 g 葡萄糖），并将土壤均匀地平铺于瓶底部，根据土壤含水量调节土壤至固定质量。轻轻将一只 10 mL 小烧杯放在培养瓶内的土壤上。然后吸取 5 mL NaOH 于培养瓶内的小烧杯中，再将培养瓶加盖密封，于 28℃恒温培养 24 h，取出小烧杯，用煮沸去除 CO_2 的蒸馏水定容。从中准确吸取 5.0 mL 于 50 mL 三角瓶中，加入 $BaCl_2$ 溶液 2 mL，加入酚酞指示剂 2 滴，用标准 HCl 滴定至红色消失。

14.2.7.2　土壤氨氧化潜势测定

称取相当于 5.0 g 干土重的新鲜土壤，加入 50 mL 离心管中，加入 20 mL 磷酸缓冲液（NaCl 8.0 g/L，KCl 0.2 g/L，Na_2HPO_4 0.2 g/L，NaH_2PO_4 0.2 g/L，pH 为 7.4），再加入终浓度为 1 mmol/L 的$(NH_4)_2SO_4$ 溶液，最后加入终浓度为 10 mmol/L 的 $KClO_3$ 溶液来抑制亚硝酸盐的氧化。将混合液放置在 25℃下，于避光处培养 24 h。亚硝酸盐采用 2 mol/L KCl 溶液提取（水土比为 1∶5，240 r/min 振荡 1 h），采用分光光度法，于 540 nm 处测定亚硝酸盐与 N-（1-萘基）乙二胺二盐酸盐反应产物的吸光值。

14.2.7.3　土壤反硝化潜势测定

称取新鲜土壤 10.0 g 于 250 mL 三角瓶中，加入 8 mL 营养液（0.1 mmol/L KNO_3，1 mmol/L 葡萄糖），摇匀，盖上橡胶塞，用真空泵抽气 1 min 后充入高纯氮气，反复抽洗 3 次后，用 C_2H_2 置换瓶内 10% N_2，放入摇床开始计时培养（恒温，200 r/min），培养 30 min、60 min、90 min、120 min 后，用注射器抽取培养瓶顶空气体 20 mL，注入预先抽真空的 LABCO 瓶（含有 300 mmol $KMnO_4$ 氧化气体中的乙炔）。用气相色谱仪分析 N_2O 浓度。根据两次取样的 N_2O 浓度差值计算反硝化潜势。

14.2.7.4　土壤二乙酸荧光素酶（FDA）活性测定

荧光素在 490 nm 处有强吸收峰，利用这一特性，可通过分光光度法定量检测 FDA 的水解情况。称取 2.0 g 新鲜土壤，加入 15 mL、pH 为 7.6 的磷酸钾缓冲溶液，加入 0.2 mL 的 FDA，空白样品中不需加入 FDA，用塞子塞住并充分摇匀，放置于 30℃摇床中，以 100 r/min 振荡 20 min。从摇床中拿出后，加入 15 mL 的甲醇与三氯甲烷混合液来终止反应，充分摇匀。然后将液体转移至 50 mL 离心管中，以 2 000 r/min 离心 3 min。上清液过滤至 50 mL 离心管中，使用荧光分光光度计在 490 nm 处测定吸光值。

14.2.7.5　土壤脲酶测定

称取 2.0 g 新鲜土壤，加 5～10 滴甲苯，15 min 后加 10 mL 10%尿素和 20 mL pH 为 7.5 的柠檬酸盐缓冲液，在 37℃恒温箱中培养 24 h 后过滤。取滤液 2 mL，加入 4 mL 苯酚钠溶液和 3 mL 次氯酸钠溶液，边加边摇匀，20 min 后定容至 50 mL，在分光光度计波长 578 nm 处比色。反应生成的靛酚蓝能在 60 min 以内稳定。每一土样设置用水代替基质（尿素）的对照，以除掉土壤中氨态氮引起的误差。还需减去无土基质（尿素+柠檬酸盐）。脲酶活性以 24 h 内每千克土中氨态氮的毫克数来表示。

14.2.7.6　土壤纤维素酶测定

称取 10.0 g 土壤于 50 mL 三角瓶中，加入 20 mL 1%羧甲基纤维素溶液，5 mL pH 为 5.5 的磷酸盐缓冲液及 1.5 mL 甲苯，将三角瓶放在 37℃恒温箱培养 72 h。培养结束后，过滤并定容 25 mL。取 1 mL 滤液，然后按绘制标准曲线显色法比色测定。纤维素酶活性以 72 h 内 10 g 土壤生成葡萄糖的毫克数表示。

14.2.7.7 土壤蔗糖酶测定

称取 5 g 风干土，置于 50 mL 三角瓶中，注入 15 mL 8%蔗糖溶液，5 mL pH 为 5.5 的磷酸缓冲液和 5 滴甲苯。摇匀混合物后，放入恒温箱，在 37 ℃下培养 24 h。到时取出，迅速过滤。从中吸取滤液 1 mL，注入 50 mL 容量瓶中，加 3 mL 3,5-二硝基水杨酸，并在沸腾的水浴锅中加热 5 min，随即将容量瓶移至自来水流下冷却 3 min。溶液因生成 3-氨基-5-硝基水杨酸而呈橙黄色，最后用蒸馏水稀释至 50 mL，并在分光光度计上于波长 508 nm 处进行比色。

14.2.7.8 土壤蛋白酶测定

称 5.0 g 新鲜土样，置于 100 mL 三角瓶中，加入 1 mL 甲苯和 20 mL 1%酪素，小心振荡后用棉塞塞紧，在 30℃恒温箱中放置 24 h。到时取出，于混合物中加入 2 mL 0.1 mol/L 硫酸和 12 mL 20%硫酸钠溶液，过滤以沉淀蛋白质，然后按样品 1∶1 体积加入乙醇，进一步沉淀蛋白，以避免蛋白质对茚三酮显色可能产生的影响，然后以 6 000 r/min 离心 15 min。取上清液 1.5～2 mL 滤液于 25 mL 比色管中，然后按绘制标准曲线显色法进行比色测定。每个土样均要做无基质对照，以除去土壤原来含有的氨基酸引起的误差，整个实验要做无土壤对照。蛋白酶活性以培养 24 h 每克土壤中生成的氨基酸毫克数表示。

14.2.8 土壤微生物分析

14.2.8.1 土壤总 DNA 提取

本研究采用试剂盒（FastDNA® Spin Kit for Soil，MP，Biomedicals，美国）提取土壤总 DNA，具体操作方法参照说明书，每个样品称取 0.5 g 新鲜土壤提取土壤 DNA。采用 NanoDrop 2000 分光光度计（Thermo，美国）测定 DNA 溶液的纯度和浓度，DNA 样品于−20℃保存。

14.2.8.2 微生物群落丰度分析（qPCR 法）

采用基于 SYBR Green 染料法的实时荧光定量 PCR（qPCR）技术测定土壤 16S rRNA 基因丰度和 ITS 基因丰度。测定仪器为 Biorad CFX96 Real-time PCR system（Biorad，美国），SYBR Green 试剂选用 2 × SYBR Premix Ex Taq（TaKaRa，中国）。16S rRNA 基因采用通用引物 515F（5′-GTGNCAGCMGCCGCGGTAA-3′）/926R（5′-CCGYCAATTYMTTTRAGTTT-3′），ITS 基因采用通用引物 ITS1F（CTTGGTCATTTAGAGGAAGTAA）/ITS2R（GCTGCGTTCTT CATCGATGC），分别从 DNA 样品中扩增。qPCR 反应体系为 20.0 μL，包括 10.0 μL 的 2 × SYBR Premix Ex Taq、上下游引物（20 pmol/μL）各 0.3 μL、取稀释 10 倍后的 1.0 μL 样品 DNA 模板（1.68～6.84 ng/μL）及 8.4 μL 灭菌超纯水。16S rRNA 基因反应程序为：95℃预变性，3 min；40 个循环（95℃变性 10 s；56℃退火 20 s；72℃延伸 20 s），每循环结束后采集荧光数据；40 轮扩增后，采用溶解曲线分析扩增产物的特异性，分析程序为温度从

65℃上升到 95℃，此期间每上升 0.5℃便采集荧光数据。以含有细菌 16S rRNA 基因的重组质粒作为标准 DNA 模板，根据质粒浓度和阿伏伽德罗常数计算该基因的拷贝数，分别以 10 倍梯度稀释各模板、制作标准曲线。16S rRNA 基因浓度范围为 $6.53×10^2$～$6.53×10^8$ 拷贝数/μL，扩增效率为 85%（R^2 为 0.994）。ITS 基因反应程序为：95℃预变性，5 min；40 个循环（95℃变性 30 s；53℃退火 30 s；72℃延伸 45 s），每循环结束后采集荧光数据；40 轮扩增后，采用溶解曲线分析扩增产物的特异性，分析程序为温度从 65℃上升到 95℃，此期间每上升 0.5℃便采集荧光数据。以含有真菌 ITS 基因的重组质粒作为标准 DNA 模板，根据质粒浓度和阿伏伽德罗常数计算该基因的拷贝数，分别以 10 倍梯度稀释各模板、制作标准曲线。ITS 基因浓度为 $1.83×10^2$～$1.83×10^8$ 拷贝数/μL，扩增效率为 101.5%（R^2 为 0.994）。每个样品做 3 个技术重复，设置 3 个无模板样品为阴性对照。

14.2.8.3　微生物群落组成分析

基于 Illumina Hiseq 2500 或 Miseq 测序平台，利用双末端测序的方法，每条序列从 5′端和 3′端各产生 250 bp（Hiseq 2500）或 300 bp（Miseq）的读长。由于测序获得的原始读长存在一定比例的测序错误，因此在进行分析前，需要对原始数据进行剪切过滤，滤除低质量的读长，获得有效数据读长；通过读长之间的重叠关系，将读长拼接成片段，进一步过滤获取目标片段（Clean tags）；在给定的相似度下将片段聚类成操作分类单元（Operational Taxonomic Units，OTU），然后进行 OTU 物种注释，从而得到每个样品的群落组成信息。

14.2.9　数据统计与分析

基于 SPSS 20.0 进行数据分析，采用独立方差 t 检验比较转基因玉米和亲本非转基因玉米各指标间的显著差异，采用双因素方差分析比较不用玉米品种、不同生长阶段各指标的显著差异。采用 Originlab 进行数据图表绘制，图中误差线均为标准差。

14.3　结果与分析

14.3.1　抗虫耐除草剂转基因玉米对土壤温室气体排放速率的影响

GM 与 CK 处理 3 种温室气体实测排放速率随生长阶段波动（见图 14-2）。在移栽后的第 18 天、43 天、47 天、69 天、75 天，GM 处理的 CO_2 排放速率显著高于 CK 处理［见图 14-2（a）］；整个玉米生长期内，GM 处理 CO_2 累计排放量显著高于 CK 处理［见图 14-2（d）］。在移栽后的第 3 天、39 天、47 天、51 天，GM 处理的 CH_4 排放速率显著高于 CK 处理［见图 14-2（b）］；整个玉米生长期内，GM 处理和 CK 处理 CH_4 累计排放量无显著差异［见图 14-2（e）］。在移栽后的第 47 天、64 天，GM 处理的 N_2O 排放速率显著高于 CK 处理，而移栽后第 30 天 GM 处理的 N_2O 排放速率显著低于 CK 处理［见图 14-2（c）］；玉米生长期内，GM 处理和 CK 处理 N_2O 累计排放量无显著差异［见图 14-2（f）］。

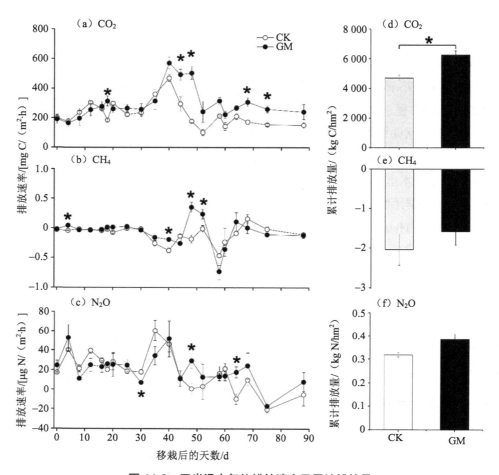

图 14-2　玉米温室气体排放速率及累计排放量

注：*代表 CK 处理和 GM 处理间有显著差异。

14.3.2　抗虫耐除草剂转基因玉米全生命周期碳排放情况

14.3.2.1　抗虫耐除草剂转基因玉米对实测碳排放量的影响

在计算全生命周期碳排放量时，通常不考虑 CO_2 排放量。参照 100 年全球增温潜势，将实测 N_2O 和 CH_4 排放量换算为碳排放量，两者之和即为实测碳排放量。结果表明（见图 14-3），CK 处理实测碳排放量（CO_2 当量）为 44.0 kg/hm²，CK 处理实测碳排放量（CO_2 当量）为 75.2 kg/hm²，两者间无统计差异。

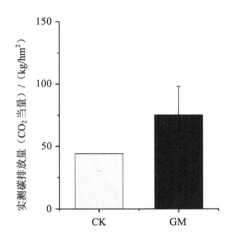

图 14-3　抗虫耐除草剂转基因玉米生长阶段实测碳排放量

14.3.2.2　抗虫耐除草剂转基因玉米地下部分碳固定量

破坏性采集转基因玉米及其亲本玉米地下部分，烘干后测定其生物量干重，发现 GM 处理地下部分生物量干重显著高于 CK 处理，两处理数据分别为 31.4 g/株和 26.5 g/株。GM 处理和 CK 处理地下部分碳含量分别为 51.4% 和 51.0%，玉米地下部分腐殖化系数为 47.6%，种植密度为 40 000 株/hm²。因此，GM 处理地下部分碳固定量高于 CK 处理，两种处理地下部分碳固定量（CO_2 当量）分别为 307.3 kg/hm² 和 257.3 kg/hm²（见图 14-4）。

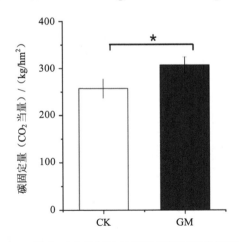

图 14-4　抗虫耐除草剂转基因玉米地下部分碳固定量

注：*代表 CK 处理和 GM 处理间有显著差异。

14.3.2.3　抗虫耐除草剂转基因玉米生长阶段农业投入折算碳排放量

进一步将玉米生长全生命周期内肥料、除草剂、杀虫剂、劳动力等农业投入（见表 14-1）全部折算为碳排放量后，发现采用人工除草方式的 CK 处理生长过程中农业投入碳排放量

（CO₂ 当量）最高，达到 2 627 kg/hm²；采用除草剂除草的 CK 处理生长过程中农业投入碳排放量（CO₂ 当量）次高，为 2 477 kg/hm²；采用除草剂除草的 GM 处理生长过程中农业投入碳排放量（CO₂ 当量）最低，为 1 825 kg /hm²（见图 14-5）。

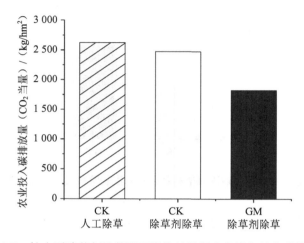

图 14-5   抗虫耐除草剂转基因玉米生长阶段农业投入折合碳排放量

14.3.2.4   抗虫耐除草剂转基因玉米全生命周期碳排放量

实测碳排放量（不含 CO_2）和农业投入碳排放量相加，减去地下部分碳固定量，获得玉米生长全生命周期碳排放量。结果表明（见图 14-6），无论是人工除草还是除草剂除草，CK 处理的玉米生长阶段全生命周期碳排放量（CO₂ 当量）（6 974.2～7 124.2 kg/hm²）均低于 GM 处理（7 853.4 kg/hm²）。其中，实测碳排放量权重为 66.7%以上，GM 处理实测碳排放量高是导致 GM 处理全生命周期碳排放量显著高于 CK 处理的最主要原因。

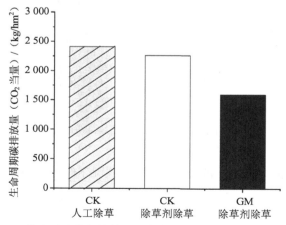

图 14-6   抗虫耐除草剂转基因玉米生长阶段全生命周期碳排放量

注：*代表 CK 处理和 GM 处理间有显著差异。

14.3.3 抗虫耐除草剂转基因玉米对根际土壤生态功能的影响

在拔节期，GM 处理根际土壤的可溶性碳显著高于成熟期 GM 处理；在成熟期，GM 处理与 CK 处理的根际土壤硝态氮含量显著高于拔节期两处理，而两时期两种处理的玉米根际土壤 pH、总有机碳、铵态氮、有效磷和速效钾几项指标均无显著性差异。对玉米品种和根际土壤采样时期进行的双因素方差分析结果显示，可溶性有机碳和硝态氮含量显著受到采样时期的独立影响，有效磷含量显著受到玉米品种和采样时期的交叉影响（见表 14-4）。

表 14-4 拔节期和成熟期玉米根际土壤理化性质

时期	处理	pH	TOC/ (mg/g)	DOC/ (mg/kg)	NH_4^+-N/ (μg/g)	NO_2^--N+NO_3^--N/ (mg/g)	AP/ (mg/kg)	AK/ (mg/kg)
拔节期	GM-S1	7.22±0.02a	8.92±0.01a	36.7±1.64b	55.1±6.34a	0.60±0.04b	15.7±1.11a	146±8.64a
	CK-S1	7.28±0.02a	8.30±0.17a	40.9±3.01ab	111±31.1a	0.55±0.02b	21.6±2.79a	143±5.99a
成熟期	GM-S2	7.27±0.01a	8.52±0.07a	51.4±3.91a	102±16.4a	0.93±0.03a	21.5±3.16a	169±9.03a
	CK-S2	7.27±0.04a	8.47±0.30a	44.5±0.55ab	92.9±14.4a	0.98±0.11a	16.5±0.44a	149±12.8a
双因素方差分析								
品种	F	1.500	3.716	0.256	1.492	0.001	0.038	1.709
时期	F	0.667	0.428	12.229**	0.577	40.984***	0.023	2.448
品种×时期	F	1.500	2.641	4.479	2.897	0.753	6.271*	0.830

注：表中 TOC、DOC、NH_4^+-N、NO_2^--N+NO_3^--N、AP、AK 分别代表总有机碳、可溶性有机碳、铵态氮、硝态氮、有效磷、速效钾。表中数据表示方法为平均值±标准差（$n=4$）。数字后不同字母（a，b，c，d）表示玉米不同处理之间理化性质的差异显著，分析方法为单因素方差分析（Tukey），$P<0.05$，$n=4$。采用双因素方差分析法（Tukey）对不同品种处理和不同时期做比较分析，其中 F 表示膨胀系数，*指 $P<0.05$；**指 $P<0.01$；***指 $P<0.001$。

在玉米生长的拔节期和成熟期，抗虫耐除草剂转基因玉米种植对根际土壤的呼吸强度、蔗糖酶、纤维素酶、脲酶、反硝化潜势、氨氧化潜势、蛋白酶、FDA 等生态功能均无显著性影响。对玉米品种和根际土壤采样时期进行的双因素方差分析结果显示，蔗糖酶在 95%的置信区间上显著受到采样时期的独立影响，脲酶和氨氧化潜势在 95%的置信区间上显著受到玉米品种和采样时期的交叉影响（见表 14-5）。

表 14-5 拔节期和成熟期玉米根际土壤生态功能

时期	处理	呼吸强度/ [$mgCO_2$-C/ (kg·d)]	蔗糖酶/ [g/ (kg·d)]	纤维素酶/ [mg/ (kg·d)]	脲酶/ [mg/ (kg·d)]	反硝化潜势/ [μg/ (kg·h)]	氨氧化潜势 (以 N 计)/ [g/ (kg·d)]	蛋白酶/ [μg/ (g·d)]	FDA/ [μg/ (g·h)]
拔节期	GM-S1	49.2±3.59a	55.7±1.58a	69.5±5.85a	21.4±1.09a	0.30±0.07a	8.58±0.37a	166±4.76a	5.24±0.39a
	CK-S1	61.7±5.59a	61.2±2.34a	90.5±9.58a	25.0±1.90a	0.32±0.03a	11.6±0.78a	185±25.5a	6.64±0.86a
成熟期	GM-S2	63.4±6.58a	43.0±2.67a	67.8±6.18a	24.6±1.01a	0.35±0.06a	12.4±0.97a	230±21.0a	5.95±0.98a
	CK-S2	55.7±3.82a	47.3±1.98a	59.5±8.28a	20.9±0.59a	0.38±0.02a	10.5±1.07a	177±11.6a	6.81±0.48a

时期	处理	呼吸强度/ [mgCO₂-C/ (kg·d)]	蔗糖酶/ [g/ (kg·d)]	纤维素酶/ [mg/ (kg·d)]	脲酶/[mg/ (kg·d)]	反硝化潜 势/[μg/ (kg·h)]	氨氧化潜势 (以N计)/ [g/(kg·d)]	蛋白酶/ [μg/ (g·d)]	FDA/ [μg/(g·h)]
双因素方差分析									
品种	F	0.219	0.324	0.689	0.004	0.217	0.248	0.930	2.721
时期	F	0.654	7.716*	4.553	0.143	1.458	1.975	2.507	0.408
品种× 时期	F	3.982	0.769	3.672	8.588*	0.035	6.276*	4.146	0.158

注：表中数据表示方法为平均值±标准差（$n=4$）。数字后不同字母（a，b，c，d）表示玉米不同处理之间生态功能的差异显著，分析方法为单因素方差分析（Tukey），$P<0.05$，$n=4$。采用双因素方差分析法（Tukey）对不同品种处理和不同时期做比较分析，其中 F 表示膨胀系数，*指 $P<0.05$；**指 $P<0.01$；***指 $P<0.001$。

14.3.4 抗虫耐除草剂转基因玉米对根际土壤微生物的影响

14.3.4.1 抗虫耐除草剂转基因玉米对根际土壤微生物群落丰度的影响

在拔节期和成熟期，GM 处理没有显著改变根际土壤细菌群落丰度；在拔节期，GM 处理的真菌群落丰度显著低于 CK 处理；而在玉米成熟期，两种处理的根际土壤真菌群落丰度没有显著性差异（见图 14-7）。

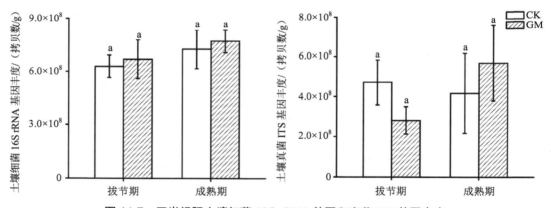

图 14-7 玉米根际土壤细菌 16S rRNA 基因和真菌 ITS 基因丰度

注：不同字母表示不同处理差异显著（$n=4$，$P<0.05$）。

14.3.4.2 抗虫耐除草剂转基因玉米对根际土壤 α 多样性 Shannon 指数的影响

单因素方差分析（Tukey）结果显示，拔节期 GM 处理的 Shannon 指数显著高于成熟期 CK 处理。对玉米品种和根际土壤采样时期进行的双因素方差分析结果显示，玉米根际土壤细菌群落多样性在 99% 的置信区间上显著受到采样时期的独立影响。可见，GM 处理没有影响玉米根际土壤细菌群落丰度，玉米品种对土壤微生物群落丰度无显著性影响，但是采样时期对根际土壤细菌群落丰度有显著性影响（见图 14-8）。

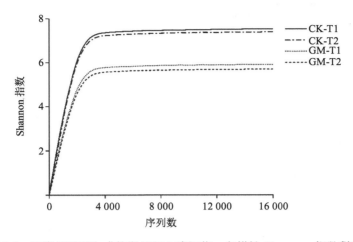

图 14-8 玉米拔节期和成熟期根际土壤细菌 α 多样性 Shannon 指数稀释曲线

单因素方差分析（Tukey）结果显示，拔节期和成熟期的 GM 处理和 CK 处理根际土壤真菌多样性均没有显著性差异。对玉米品种和根际土壤采样时期进行的双因素方差分析结果显示，拔节期和成熟期的 GM 处理和 CK 处理根际土壤真菌多样性均不受玉米品种或者采样时期的独立影响或者交叉影响。可见，玉米品种和采样时期对根际土壤真菌多样性均没有显著性影响（图 14-9）。

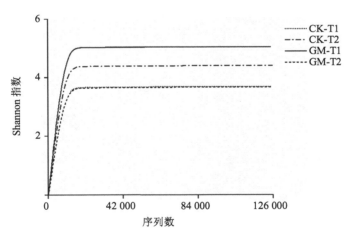

图 14-9 玉米拔节期和成熟期根际土壤真菌 α 多样性 Shannon 指数稀释曲线

14.3.4.3 抗虫耐除草剂转基因玉米对根际土壤 β 多样性的影响

根据冗余分析，玉米根际土壤细菌 β 多样性显著受到铵态氮和硝态氮的影响（见图 14-10），玉米根际土壤真菌 β 多样性没有显著受到各项理化因子的影响（见图 14-11）。

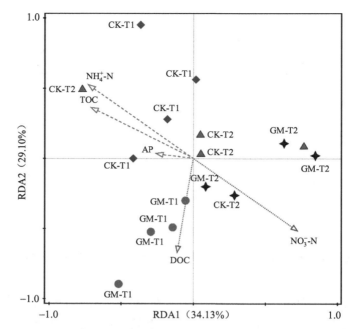

图 14-10　玉米拔节期和成熟期根际土壤细菌 β 多样性 RDA 分析

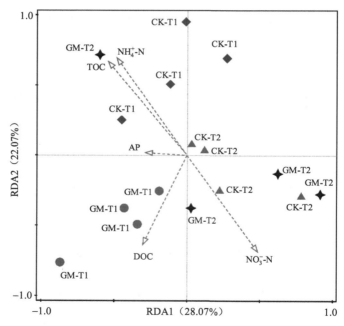

图 14-11　玉米拔节期和成熟期根际土壤真菌 β 多样性 RDA 分析

14.3.4.4　抗虫耐除草剂转基因玉米对根际土壤细菌群落结构的影响

本研究 4 个处理共获取 12 个相对丰度高于 1%的门水平上的细菌类群。单因素方差分析（Tukey）结果显示，成熟期 CK 处理 Thaumarchaeota 相对丰度显著高于拔节期 CK 处理和 GM 处理；拔节期 GM 处理 Proteobacteria 相对丰度显著高于成熟期 CK 处理；拔节期 GM 处理 Acidobacteria 相对丰度显著高于成熟期 CK 处理和 GM 处理；拔节期 GM 处理 Actinobacteria 相对丰度显著高于其他 3 个处理；拔节期 CK 处理 Chloroflexi 相对丰度显著高于成熟期 CK 处理。对玉米品种和根际土壤采样时期进行的双因素方差分析结果显示，仅 Actinobacteria 显著受到玉米品种的独立影响，仅 Bacteroidetes 和 Firmicutes 不受采样时期的影响，其他 10 个门分类均受到采样时期的影响（见图 14-12）。

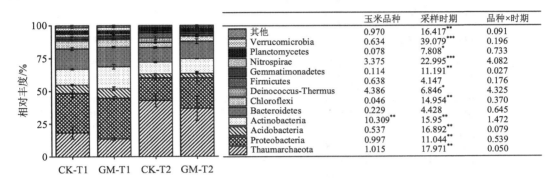

	玉米品种	采样时期	品种×时期
其他	0.970	16.417**	0.091
Verrucomicrobia	0.634	39.079***	0.196
Planctomycetes	0.078	7.808*	0.733
Nitrospirae	3.375	22.995***	4.082
Gemmatimonadetes	0.114	11.191**	0.027
Firmicutes	0.638	4.147	0.176
Deinococcus-Thermus	4.386	6.846*	4.325
Chloroflexi	0.046	14.954**	0.370
Bacteroidetes	0.229	4.428	0.645
Actinobacteria	10.309**	15.95**	1.472
Acidobacteria	0.537	16.892**	0.079
Proteobacteria	0.997	11.044**	0.539
Thaumarchaeota	1.015	17.971**	0.050

图 14-12　玉米拔节期和成熟期根际土壤细菌群落组成（门水平）

注：*指 $P<0.05$；**指 $P<0.01$；***指 $P<0.001$。

选取 Actinobacteria 门水平下，相对丰度高于 1% 的属水平上的细菌类群，绘制柱状堆积图。根据独立样本 t 检验分析不同时期在属水平上 GM 处理和 CK 处理的细菌群落显著性差异。结果表明，拔节期 GM 处理的 *Nocardioides* 显著高于 CK 处理；成熟期 GM 处理的 *Kribbella* 显著高于 CK 处理（见图 14-13）。

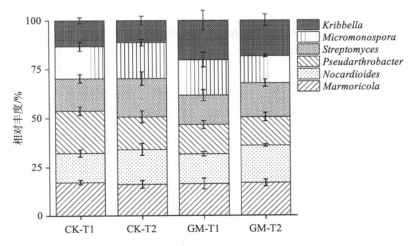

图 14-13　玉米拔节期和成熟期根际土壤细菌群落组成（属水平）

选取相对丰度排在前 30 且具有属分类信息的 OTU 代表性序列，构建核心微生物图（定义在各处理中 OTU 相对丰度不受玉米品种或采样时期独立或交叉显著影响的微生物种类，图 14-14 中标注深色字体的为核心微生物）。根际土壤细菌在 OTU 水平上的核心微生物是

Ohtaekwangia_OTU2、Nitrosospira_OTU12、Nitrosomonas_OTU20、Lysobacter_OTU552、Dongia_OTU37。

CK-T1	CK-T2	GM-T1	GM-T2		玉米品种	采样时期	品种×时期
10.0%	30.8%	7.8%	31.2%	Candidatus_Nitrocosmicus_OTUl	0.025	14.469**	0.052
6.7%	5.0%	7.3%	5.8%	Ohtaekwangia_OTU2	0.852	4.145	0.017
4.1%	2.9%	5.5%	3.9%	Marmoricola_OTU3	4.603	6.924*	0.136
1.3%	7.3%	0.4%	1.4%	Candidatus_Nitrososphacra_OTU(	10.559**	11.273**	5.513*
0.8%	3.0%	1.4%	3.2%	Lysobacter_OTU4	0.753	14.026**	0.147
2.1%	0.8%	2.4%	1.3%	MNDI_OTU14	2.225	23.132***	0.164
1.8%	0.8%	2.0%	1.4%	Luteimonas_OTU8	1.494	5.988*	0.426
1.6%	1.2%	0.8%	1.0%	Nitrosospira_OTU12	1.690	0.033	0.532
1.8%	0.7%	1.1%	1.0%	Flavisolibacter_OTU17	1.018	7.818*	5.710*
0.0%	3.4%	0.0%	0.4%	Trucpcra_OTU5	4.637	7.007*	4.580
1.2%	0.4%	1.4%	0.8%	Lysobacter_OTU25	3.801	20.855***	0.758
1.2%	0.7%	1.2%	0.7%	Pseudarthrobacter_OTU9	0.017	13.203**	0.160
1.3%	0.4%	1.3%	0.7%	Sphingomonas_OTU45	0.84	15.321**	0.610
1.2%	0.4%	1.1%	0.6%	MNDI_OTU30	0.012	11.646**	0.442
1.1%	0.4%	1.1%	0.6%	Ramlibacter_OTU31	1.815	39.502***	0.386
1.0%	0.4%	1.1%	0.7%	Chryseolinea_OTU16	1.044	8.255*	0.396
1.2%	0.4%	0.9%	0.4%	Nitrospira_OTU18	1.781	21.321***	2.197
0.9%	0.5%	0.9%	0.6%	UTCFXI_OTU28	0.366	11.198**	0.185
0.7%	0.4%	0.9%	0.7%	Nitrosomonas_OTU20	2.365	1.646	0.108
1.0%	0.3%	0.8%	0.5%	Sphingomonas_OTU29	0.037	34.261***	4.084
0.7%	0.4%	0.8%	0.6%	Bradyrhizobium_OTU26	5.423*	6.814*	0.355
0.7%	0.4%	0.8%	0.5%	Massilia_OTU38	1.732	16.633**	0.046
0.5%	0.4%	0.8%	0.6%	Nocardioides_OTU40	11.831**	1.984	0.263
0.5%	0.4%	0.8%	0.4%	Micromonospora_OTU33	2.621	6.268*	2.358
0.6%	0.3%	0.6%	0.5%	Gemmatimonas_OTU13	0.536	12.113**	1.888
0.5%	0.3%	0.5%	0.4%	Streptomyccs_OTU39	2.301	5.712*	0.820
0.5%	0.2%	0.6%	0.3%	Haliangium_OTU21	0.417	8.545*	0.021
0.3%	0.4%	0.2%	0.6%	Lysobacter_OTU552	0.097	1.039	0.684
0.4%	0.3%	0.4%	0.3%	Dongia_OTU37	0.014	2.569	0.376
0.3%	0.2%	0.6%	0.4%	Kribbclla_OTU43	8.052*	3.188	0.616

图 14-14　玉米拔节期和成熟期根际土壤细菌核心微生物

注：*表示 $P<0.05$，**表示 $P<0.01$，***表示 $P<0.001$。

14.3.4.5　抗虫耐除草剂转基因玉米对根际土壤真菌群落结构的影响

本研究 4 个处理共获取 3 个相对丰度高于 1% 的门水平上的真菌类群。单因素方差分析（Tukey）结果显示，拔节期和成熟期的 CK 处理和 GM 处理在 3 个门分类水平上均无显著性差异。对玉米品种和根际土壤采样时期进行的双因素方差分析结果显示，玉米根际土壤 Zygomycota 的相对丰度显著受到品种和时期的交叉影响（见图 14-15）。

选取相对丰度排在前 30 且具有属分类信息的 OTU 代表性序列，构建核心微生物图（见图 14-16）。根际土壤真菌在 OTU 水平上的核心微生物是 unidentified_OTU1、Chaetomium_OTU2、Aspergillus_OTU3、Acremonium_OTU4、unidentified_OTU10、unidentified_OTU5、Penicillium_OTU8、unidentified_OTU9、Aspergillus_OTU12、Penicillium_OTU11、unidentified_OTU13、Chaetomium_OTU14、unidentified_OTU15、Fusarium_OTU24、Aspergillus_OTU517、unidentified_OTU28、unidentified_OTU23、Arachnomyces_OTU16、unidentified_OTU39、Aspergillus_OTU19、unidentified_OTU33、 unidentified_OTU27、Acremonium_OTU25。

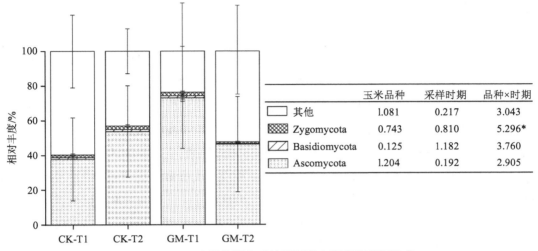

	玉米品种	采样时期	品种×时期
其他	1.081	0.217	3.043
Zygomycota	0.743	0.810	5.296*
Basidiomycota	0.125	1.182	3.760
Ascomycota	1.204	0.192	2.905

图 14-15 玉米拔节期和成熟期根际土壤真菌群落组成

注：*指 $P<0.05$，有显著性差异。

CK-T1	CK-T2	GM-T1	GM-T2		玉米品种	采样时期	品种×时期
53.0%	38.7%	17.2%	48.6%	unidentified_OTU1	0.876	0.380	2.747
4.0%	7.3%	13.1%	7.9%	Chaetomium_OTU2	1.107	0.043	0.881
4.4%	3.1%	6.2%	3.8%	Aspergillus_OTU3	0.697	1.510	0.162
2.4%	4.4%	1.7%	2.6%	Acremonium_OTU4	0.649	0.940	0.126
2.4%	2.6%	4.6%	2.1%	unidentified_OTU6	1.927	3.773	5.245*
2.0%	1.5%	2.6%	3.0%	unidentified_OTU10	1.228	0.020	0.196
0.9%	3.7%	2.7%	1.3%	unidentified_OTU5	0.074	0.404	4.014
1.5%	1.3%	4.5%	0.9%	Penicillium_OTU8	1.174	2.349	1.920
0.9%	2.8%	1.6%	0.8%	Fusarium_OTU7	2636	2.062	10.695***
1.0%	1.6%	2.4%	0.6%	unidentified_OTU9	0.081	0.619	2.745
0.3%	1.6%	1.9%	1.6%	Aspergillus_OTUI2	1.134	0.443	1.206
0.6%	1.4%	1.3%	1.1%	Penicillium_OTU11	0.336	0.820	2.086
0.6%	0.9%	1.7%	1.4%	unidentified_OTU13	1.428	0.000	0.146
2.3%	0.6%	0.2%	0.1%	unidentified_OTU18	5.434*	2.518	2.067
0.4%	0.6%	0.7%	1.8%	Chaetomium_OTU14	0.591	0.508	0.276
0.1%	0.1%	0.4%	2.6%	unidentified_OTU15	1.338	0.889	0.892
0.4%	1.1%	0.9%	0.4%	Aspergillus_OTU17	0.091	0.098	4.893*
0.4%	0.9%	0.8%	0.8%	Fusarium_OTU24	0.357	1.823	0.986
0.2%	0.7%	1.7%	0.5%	Aspergillus_OTUS17	1.505	0.428	2.214
0.7%	0.7%	0.7%	0.7%	unidentified_OTU28	0.827	0.035	0.260
0.7%	0.6%	0.7%	0.7%	unidentified_OTU23	0.001	0.036	0.000
0.2%	0.9%	1.3%	0.4%	Arachnomyces_OTU16	0.484	0.069	2.740
0.4%	0.7%	1.2%	0.3%	unidentified_OTU39	0.364	1.039	2.828
0.3%	0.8%	1.2%	0.3%	Staphylotrichum_OTU21	0.724	1.140	13.202**
0.4%	0.5%	0.9%	0.4%	Aspergillus_OTU19	1.095	1.214	1.730
0.7%	0.2%	1.0%	0.4%	unidentified_OTU33	0.58	2.739	0.010
0.7%	0.3%	0.8%	0.1%	Penicillium_OTU20	0.036	4.796*	0.241
0.4%	0.5%	0.6%	0.2%	Mortierella_OTU42	0.132	0.745	4.885*
0.6%	0.1%	1.0%	0.1%	unidentified_OTU27	0.381	3.353	0.415
0.2%	0.8%	0.4%	0.2%	Acremonium_OTU25	1.161	1.061	3.664

图 14-16 玉米拔节期和成熟期根际土壤真菌核心微生物

注：*表示 $P<0.05$，**表示 $P<0.01$，***表示 $P<0.001$。

14.4　讨论

陈栋等（2004）的研究表明，转基因作物表达产物通过一定途径进入土壤中，如在植物残体及根系分泌物中释放，会影响土壤微生物的群落生理特性及其代谢活性，进而影响土壤养分的释放及有效性。Babujia 等（2016）对巴西长期种植抗草甘膦转基因大豆的土壤中的微生物进行了研究，宏基因组显示微生物分类和功能丰度的差异，但是比不同采样点间显示出的差异小得多。李刚等（2011）发现不同生育期抗草甘膦转基因大豆和非转基因大豆的 DGGE 图谱有较强的相似性，多样性指数和均匀度指数无显著差异，季节或者大豆生育期的变化是主要的影响因素。Dunfield 等（2003）发现在某些时期，抗草甘膦转基因油菜和非转基因油菜根际微生物群落存在显著差异。Jenkins 等（2017）用总脂肪酸甲酯分析法研究抗草甘膦转基因玉米和棉花，发现转基因作物与非转基因作物之间根际微生物群落结构无显著差异，微生物菌落结构显著受耕作方法和生长季节的影响。本研究发现：抗虫耐除草剂转基因玉米无显著改变玉米根际土壤细菌基因多样性；在玉米生长拔节期，非转基因玉米根际土壤真菌基因多样性显著高于抗虫耐除草剂转基因玉米，但是在成熟期，两者则无显著性差异。拔节期根际土壤细菌的 α 多样性会显著高于成熟期根际土壤细菌的 α 多样性，根际土壤真菌的 β 多样性显著受到无机氮的影响；根际土壤真菌的 α 多样性和 β 多样性均没有显著性差异。根际土壤细菌在门分类水平上的优势种群显著受到采样时期的影响，而真菌在门分类水平上的优势种群无显著差异。上述研究表明，抗虫耐除草剂基因转入无显著改变玉米根际土壤细菌和真菌的群落组成，但是细菌的群落组成显著受到采样时期的影响，而真菌的群落组成没有受到采样时期的影响。综上所述，抗虫耐除草剂基因转入没有显著改变根际土壤生态功能和根际土壤微生物群落，其主要受到采样时期的影响，种植抗虫耐除草剂转基因玉米的生态风险较低。

转基因作物可以直接或者间接影响土壤微环境。土壤中的所有生化反应都是在土壤酶的参与下完成的，土壤酶活性可以有效反映土壤质量和生物学活性。一般认为，土壤脲酶、蛋白酶、纤维素酶等水解酶是土壤碳、氮等重要元素循环的表征指标。孙彩霞等（2003）研究发现，种植转基因水稻后，土壤酶活性的改变与转基因植物的生长发育时间有关，不同生育期土壤酶活性有所变化。吴凡等（2013）连续在大田种植两季大豆，在大豆苗期、盛花期和成熟期分析大豆根际土壤性质，发现转基因大豆 AP15-1、AP15-3 及其对应亲本非转基因大豆之间，根际土壤中全氮、全磷、碱解氮、有机磷、速效磷等 8 种指标含量及土壤 pH 均没有显著性差异，转基因大豆 AP15-1 与受体之间 4 种土壤酶活性差异不明显。Babujia 等（2016）发现转基因特性或者配施草甘膦对土壤微生物相关指标的影响不显著，其影响远小于地点、种植季节等的影响。本研究发现，在玉米拔节期和成熟期，抗虫耐除草剂转基因玉米没有显著改变根际土壤理化性质和生态功能，但是对比拔节期，成熟期的可溶性有机碳和硝态氮会显著升高，这可能是大量施用氮肥所导致的，而成熟期的蔗糖酶活性会显著降低，受到采样时期的显著影响，这与前人的研究结果相似。有研究表明，耐除草剂转基因作物的种植可以使农民减少使用除草剂，不用耕作，从而大大减少了温室气体排放。程苗苗等（2016）的研究指出，Bt 玉米秸秆还田对 N_2O 累计排放量没有影响。裴淑玮等（2012）发现施肥和耕种可导致玉米田 CO_2 排放量明显增加，且正常施肥及秸秆还田样地 CO_2 排放主要集中在苗期至吐丝期。本研究发现抗虫耐除草剂转基因玉米对土壤 N_2O、CH_4、CO_2 的排放速率没有显著影响，施肥后 N_2O 和 CO_2 排放量明显增加，N_2O 和 CO_2 排放量在玉米植株生长旺盛的拔节期出现峰值，这与前人研究结果相似。上述研究表明，抗虫耐除草剂基因转入没有显著改变玉米土壤碳、氮相关的生态功能，但是土壤生态功能可能会受到采样时期的影响。

参考文献

陈栋，周新桥，江振河，2004. 转基因植物生态风险研究进展[J]. 广东农业科学，（4）：12-17.

陈舜，逯非，王效科，2015. 中国氮磷钾肥制造温室气体排放系数的估算[J]. 生态学报，35（19）：6371-6383.

程苗苗，舒迎花，王建武，2016. Bt 水稻秸秆还田对赤子爱胜蚓生长发育和生殖的影响[J]. 应用生态学报，27（11）：3669-3674.

关松荫，1986. 土壤酶及其研究法[M]. 北京：农业出版社.

郭宁，石洁，2012. 我国北部及中东部地区玉米根际土壤中寄生线虫种类调查研究[J]. 玉米科学，20（6）：132-136.

李刚，赵建宁，杨殿林，2011. 抗草甘膦转基因大豆对根际土壤细菌多样性的影响[J]. 中国农学通报，27（1）：100-104.

逯非，王效科，韩冰，等，2008. 中国农田施用化学氮肥的固碳潜力及其有效性评价[J]. 应用生态学报，19（10）：145-156.

段智源，李玉娥，万运帆，等，2014. 不同氮肥处理春玉米温室气体的排放[J]. 农业工程学报，30（24）：216-224.

鲁如坤，2000. 土壤农业化学分析方法[M]. 北京：中国农业科技出版社.

马丽颖，崔金杰，陈海燕，2009. 种植转基因棉对 4 种土壤酶活性的影响[J]. 棉花学报，21（5）：383-387.

裴淑玮，张圆圆，刘俊锋，等，2012. 施肥及秸秆还田处理下玉米季温室气体的排放[J]. 环境化学，31（4）：407-414.

沈平，武玉花，梁晋刚，等，2017. 转基因作物发展及应用概述[J]. 中国生物工程杂志，37（1）：119-128.

孙彩霞，陈利军，武志杰，等，2003. 种植转 Bt 基因水稻对土壤酶活性的影响[J]. 应用生态学报，14（12）：2261-2264.

孙彩霞，陈利军，武志杰，2005. Bt 毒素在转基因棉花与土壤系统中的分布[J]. 应用生态学报，16：1765-1767.

佟国良，张继宏，须湘成，等，1988. 几种主要作物根、茎、叶等生物量构成的研究[J]. 土壤通报，3：

115-118.

吴凡，林桂潮，吴坚文，等，2013. 转 *AtPAP15* 基因大豆种植对根际土壤养分及酶活性的影响[J]. 土壤学报，50（3）：600-608.

Babujia L，Silva A，Nakatani A，et al.，2016. Impact of long-term cropping of glyphosate-resistant transgenic soybean[*Glycine max*（L.）Merr.] on soil microbiome[J]. Transgenic Research，25（4）：425-440.

Cai Z，Tsuruta H，Gao M，et al.，2003. Options for mitigating methane emission from a permanently flooded rice field[J]. Global Change Biology，9：37-45.

Caporaso J G，2010. PyNAST：a flexible tool for aligning sequences to a template alignment[J]. Bioinformatics，26：266-267.

Caporaso J G，Kuczynski J，Stombaugh J，et al.，2010. QIIME allows analysis of high-throughput community sequencing data[J]. Nature Methods，7（5）：335-336.

Castaldini M，Turrini A，Sbrana C，et al.，2005. Impact of Bt corn on rhizospheric and soil eubacterial communities and on beneficial mycorrhizal symbiosis in experimental microcosms[J]. Appllied and Environmental Microbiology，71：6719-6729.

Ding W，Cai Z，Tsuruta H，2003. Key factors affecting spatial variation of methane emissions from freshwater marshes[J]. Chemosphere，51：167-173.

Dunfield K，Germida J，Germida J，2003. Seasonal changes in the rhizosphere microbial communities associated with field-grown genetically modified canola（*Brassica napus*）[J]. Applied and Environmental Microbiology，69（12）：7310-7318.

Daghio M，Gandolfi I，Bestetti G，et al.，2015. Anodic and cathodic microbial communities in single chamber microbial fuel cells[J]. New Biotechnology，32（1）：79-84

Edgar R，2010. Search and clustering orders of magnitude faster than BLAST[J]. Bioinformatics，26（19）：2460-2461.

Escher N，Käch B，Nentwig W，2000. Decomposition of transgenic *Bacillus thuringiensis* maize by microorganisms and woodlice *Porcellio scaber*（Crustacea：Isopoda）[J]. Basic Appllied Ecology，1：161-169.

Freitag T，Toet S，Ineson P，et al.，2010. Links between methane flux and transcriptional activities of methanogens and methane oxidizers in a blanket peat bog[J]. FEMS Microbiol Ecology，73：157-165.

Han C，Zhong W H，Shen W S，et al.，2013. Transgenic Bt rice has adverse impacts on CH_4 flux and rhizospheric methanogenic archaeal and methanotrophic bacterial communities[J]. Plant and Soil，369：297-316.

Han C，Liu B，Zhong W H，2018. Effects of transgenic Bt rice on the active rhizospheric methanogenic archaeal community as revealed by DNA-based stable isotope probing[J]. Journal of Applied Microbiology，125：1094-1107.

He Z L，Deng Y，Zhou J Z，2012. Development of functional gene microarrays for microbial community analysis[J]. Current Opinion in Biotechnology，23：49-55.

Icoz I，Stotzky G，Zwahlen C，et al.，2008. Microbial populations and enzyme activities in soil in situ under transgenic corn expressing Cry proteins from *Bacillus thuringiensis*[J]. Journal of Environmental Quality，37：647-662.

ISAAA，2019. Global status of commercialized Biotech/GM crops in 2019[M]. ISAAA Brief.

IPCC，2014. Observed Changes and their Causes in Climate Change 2014：Synthesis Report. Contribution of Working Groups Ⅰ，Ⅱ and Ⅲ to the Fifth Assessment Report of the Intergovernmental Panel on Climate Change[M]. Geneva：IPCC.

Jenkins M，Locke M，Reddy K，et al.，2017. Glyphosate applications，glyphosate resistant corn，and tillage on nitrification rates and distribution of nitrifying microbial communities[J]. Soil Science Society of America Journal，81（6）：1371-1380.

Jia Z，Conrad R，2009. Bacteria rather than Archaea dominate microbial ammonia oxidation in an agricultural soil[J]. Environmental Microbiology，11：1658-1671.

King J，Reeburgh W，2002. A pulse-labeling experiment to determine the contribution of recent plant photosynthates to net methane emission in arctic wet sedge tundra[J]. Soil Biology & Biochemistry，34：173-180.

Lal R，2014. Carbon emission from farm operations[J]. Environment International，30（7）：981-990.

Li X G，Wei Q，Liu B，et al.，2013. Root exudates of transgenic cotton and their effects on *Fusarium oxysporum*[J]. Frontiers in Bioscience-Landmark，18：725-733.

Li X G，Liu B，Cui J J，et al.，2011. No evidence of persistent effects of continuously planted transgenic insect-resistant cotton on soil microorganisms[J]. Plant and Soil，339：247-257.

Li X G，Liu B，Heia S，et al.，2009. The effect of root exudates from two transgenic insect-resistant cotton lines on the growth of *Fusarium oxysporum*[J]. Transgenic Research，18：757-767.

Liu B，Zeng Q，Yan F M，et al.，2005. Effects of transgenic plants on soil microorganisms[J]. Plant and Soil，271（1-2）：1-13.

Lozupone C，Knight R，2005. UniFrac：a new phylogenetic method for comparing microbial communities[J]. Appllied and Environmental Microbiology，71（12）：8228-8235.

Lu Y，Lueders T，Friedrich M，et al.，2005. Detecting active methanogenic populations on rice roots using stable isotope probing[J]. Environmental Microbiology，7：326-336.

Lu Y，Watanabe A，Kimura M，2002. Contribution of plant-derived carbon to soil microbial biomass dynamics in a paddy rice microcosm[J]. Biology and Fertility of Soils，36：136-142.

Lueders T，Pommerenke B，Friedrich M，2004. Stable-isotope probing of microorganisms thriving at thermodynamic limits：syntrophic propionate oxidation in flooded soil[J]. Appllied and Environmental Microbiology，70：5778-5786.

Wang X L，Han C，Zhang J B，et al.，2015. Long-term fertilization effects on active ammonia oxidizers in an acidic upland soil in China[J]. Soil Biology & Biochemistry，84：28-37.

Wang Z J，Deng H，Chen L H，et al.，2013. *In situ* measurements of dissolved oxygen，pH and redox potential of biocathode microenvironments using microelectrodes[J]. Bioresource Technology，132：387-390.

West T，Marland G，2002. A synthesis of carbon sequestration，carbon emissions，and net carbon flux in agriculture：Comparing tillage practices in the United States[J]. Agriculture，Ecosystems & Environment，91（1）：217-232.

Yang W D，Zhang M J，Ding G W，2012. Effect of transgenic Bt cotton on bioactivities and nutrients in rhizosphere soil[J]. Communications in Soil Science and Plant Analysis，43：689-700.

Zhu W J，Lu H H，Hill J，et al.，2013. ^{13}C pulse-chase labeling comparative assessment of the active methanogenic archaeal community composition in the transgenic and nontransgenic parental rice rhizospheres[J]. FEMS Microbiol Ecology，87：746-756.

（韩成　刘标　钟文辉　姜允斌）